交互式网络课程设计与开发

孙晓华　主编

清华大学出版社

北京

内 容 简 介

网络教学以其开放性、交互性的特点在教育领域日益受到重视,要充分发挥网络教学的效用,交互式网络课程的设计与开发是关键。

本书紧密结合当前课程改革需求,采用基于工作过程的教学设计方法,根据教师创建网络课程的工作活动设计和组织教学内容,详细介绍了交互式网络课程的规划设计、内容建设、学业评价、成绩管理、交互教学和课程复用等开发策略与方法。本书理论知识与实践操作内容并重,对重点、难点辅以"学习小贴士"、"技巧"等学习指导、提示及案例演示,配套演示光盘,增强了教材的可读性与交互性。

本书为教师和网络课程设计人员提供开发、应用和评价网络课程的技术与操作指导,适合教师网络教学技术培训、网络课程设计与开发人员参考和教育技术专业学生自学使用。

图书在版编目(CIP)数据

交互式网络课程设计与开发/孙晓华主编. —北京:清华大学出版社,2011.9
ISBN 978-7-302-26264-0

Ⅰ. ①交… Ⅱ. ①孙… Ⅲ. ①计算机网络－计算机辅助教学－课程设计
Ⅳ. ①G434

中国版本图书馆 CIP 数据核字(2011)第 138525 号

责任编辑:刘 青
责任校对:袁 芳
责任印制:李红英

出版发行:清华大学出版社　　　　　　　　　地　　　址:北京清华大学学研大厦 A 座
　　　　　http://www.tup.com.cn　　　　　邮　　　编:100084
　　　　　社　总　机:010-62770175　　　邮　　　购:010-62786544
　　　　　投稿与读者服务:010-62776969,c-service@tup.tsinghua.edu.cn
　　　　　质 量 反 馈:010-62772015,zhiliang@tup.tsinghua.edu.cn
印 装 者:北京国马印刷厂
经　　销:全国新华书店
开　　本:185×260　印　张:9　字　数:200 千字
版　　次:2011 年 9 月第 1 版　　印　　次:2011 年 10 月第 2 次印刷
　　　　　(附光盘 1 张)
印　　数:3001~5000
定　　价:25.00 元

产品编号:042139-01

《交互式网络课程设计与开发》编者

主　　编　孙晓华

副主编　邓果丽

主　　审　陈小波

编　　者　孙晓华　曾文兴　何　承　周　莺　尹海翔

　　　　　郑玮琨　梁东莺

序
Preface

"国家中长期教育改革和发展规划纲要"（2010—2020 年）指出："开发网络学习课程，创新网络教学模式，更新教学观念，改进教学方法，提高教学效果。"网络课程建设已经成为高等学校课程建设的重要组成部分。

网络课程是指通过网络表现学习内容和实施教学活动的网络化学习环境，因此，它不仅仅是电子课本、电子练习、PPT 资源的堆砌。 网络课程的设计与开发需要以先进的教学理念为指引，必须立足于促进学生学习方式的转变。 网络课程的设计与开发要有功能强大的平台的支持，要能充分发挥网络平台的功能特点和优势；要合理组织丰富的教学资源，要能创建和利用多种形式的学习资源；要认真深入地进行教学设计，科学设计有效的教学策略和多种形式的学习评价方式；要能支持课堂教学、混合学习，适应学生自主学习、探究学习和合作学习的需求。

随着高校教学质量工程建设的深入发展，广东许多高校已购进一批网络教学管理平台，并在平台上建设了大批的网络课程，有力地推进精品课程的建设，推动人才培养模式的改革。 但通过调研，发现目前仍存在一些带有共性的问题：某些高校在平台上实际建成的网络课程数量不多，专业覆盖面不广；部分已建设的网络课程质量不尽如人意，较多属于 PPT 和文本罗列或资源堆砌；缺乏深入的教学设计，内容组织和教学过程的实施策略未能体现现代教育理念；在平台上已建成的网络课程其有效利用率不高，停留在课程展示层面，变成摆设；平台上建设的网络课程使用方法不当，未能发挥通过网络课程的应用，达到促进学生学习方式转变的作用。 这些问题需要通过深入调研，校际交流，发现一批在网络课程建设和应用方面有成功经验的优秀课程，总结各高校网络课程建设与应用和组织管理的经验，通过典型带动，推进网络课程资源建设和有效应用，有针对性地逐步解决。

深圳信息职业技术学院较早引进 Blackboard 网络教学管理平台作为该校网络化教学环境建设的支撑平台。 该校领导高度重视学校教育信息化建设，制定了学校网络课程资源建设和应用的阶段发展目标与规划；建立相关的项目申报、建设规范和评价标准，制定相关的鼓励和支持政策；充分发挥教务处、信息中心和教学系科三者不同的作用和积极性。 学校还重视对教师的教育思想、教育技术能力的培训，组织该校广大教师设计开发大批网络课程，组织网络课程建设与应用的经验交流。 目前该校已开发了300 多门网络课程，为网络课程的开发与应用积累了丰富的可借鉴经验：高度重视网络课程的教学设计；引进并整合丰富的课程资源；利用多种计算机软件作为学习工具；重视师生实时互动平台的构建；设计多样化的学习评价方式；重视学生的学习成果展示和评价等。"交互式网络课程设计与开发"就是他们宝贵经验的结晶。

该书以 Blackboard 教学管理平台为例，介绍了交互式网络课程的规划设计、内容建设、学业评价、成绩管理、交互教学和课程复用等开发策略与方法。 本书还按照网络课程设计、开发的工作流程，以典型工作任务的方式进行叙述，包括认识网络教学、课程规划设计、课程内容建设、练习作业测评、学业成绩管理、交互协作创设、教学实践应用和课程循环使用等，每部分还提供综合案例。 本书除文字教材外，还提供在线网络课程和辅导光盘，其内容针对性强，为教师和网络课程设计人员提供开发、应用和评价网络课程的技术与操作指导，而且还具有交互性，是一本可读性和可操作性很强的立体教材。 它是高校教师教育技术能力培训的好教材。 本书的出版将为推动高校网络课程建设与应用发挥积极的作用。

广东省高等学校教育技术学教学指导委员会　主任

广东省高等学校教育技术中心　主任

2010 年 12 月 12 日

前 言
Foreword

信息技术的发展与普及，扩大了教与学的空间，与传统的课堂教学相比，网络教学在实现跨时空学习、交互式学习、协作式学习和社会化学习等方面具有无可比拟的优越性。 在信息技术快速发展的今天，充分利用网络教学对改革教学模式、创新教学形态、提高教学效率等都具有十分重要的意义。

网络教学以其开放性、交互性的特点在高职教育领域日益受到重视，近年来，不少高职院校将这种教学方式引进课堂，产生了较好的教学效果。 在网络课程建设过程中要充分发挥网络教学的有效性，网络课程的交互式设计与开发是关键。

多年来，深圳信息职业技术学院积极探索，大力推动网络课程建设与应用，深化课程教学改革。 自 2005 年以来，基于国际化的 Blackboard 网络教学平台，学院立项建设了 3 批共 300 门网络课程，形成了网络课程遴选、建设、应用和优化的一整套建设评价指标体系。 通过网络课程建设，凸显了学院教学信息化的特色；推进了公选课网络化，拓宽了教与学的空间；探索完全网络教学与虚拟实训创新网络课程，创新了网络课程应用模式。 历经多年探索积淀的"高职网络课程平台建设的创新与实践"教学成果获第六届广东省教学成果一等奖。 为进一步深化教学改革、推广网络教学经验，我们策划并组织编写了此书。

本书介绍交互式网络课程的规划设计、内容建设、学业评价、成绩管理、交互教学和课程复用等开发策略与方法。 采用基于工作过程的教学设计，从创建一门完整的交互式网络课程的工作过程中演绎 8 个典型工作任务：认识网络教学、课程规划设计、课程内容建设、练习作业测评、学业成绩管理、交互协作创设、教学实践应用和课程循环使用。

本书理论知识与实践操作内容并重，对重点、难点辅以"学习小贴士"、"技巧"等学习指导、学习提示内容，增强教材的可读性与交互性，为教师和网络课程设计人员提供开发、应用和评价网络课程的技术与操作指导。 本书 3 年来被校内外广泛使用，利用本书培训教师达 3000 人之多，取得较好的培训效果。 以本书为基础的多媒体课件获得第八届全国多媒体大赛高职组三等奖，得到同行和专家的一致好评。

本书是各位作者集体智慧的结晶，主编孙晓华负责本书整体结构的设计规划、统稿及全部章节的修改工作；邓果丽担任副主编；陈小波担任主审，参与本书规划设计，提出宝贵建议。 参与书稿撰写的人员有：孙晓华（第 1 章、第 2 章）、曾文兴（第 5 章 5.1 节、5.2 节、5.4 节）、何承（第 2 章）、周莺（第 4 章、第 6 章）、尹海翔（第 3 章）、郑玮琨（第 7 章）、梁东莺（第 5 章 5.3 节）。 曾文兴、何承和周莺还参与了全书的整理工作。

本书包含三类特殊的标记，指出正文之外的信息，用作对正文的补充，从而使内容学起来更快、更简单、更高效。

注意事项：用于提醒经常出现的问题，并提供相应的解决办法。

学习小贴士：用于重点、难点内容的学习提示，使学习有的放矢。

技巧：用于提示网络课程建设与应用的技巧。

本书有配套的演示光盘和在线课程学习网站，在线课程学习网站设置了学习者交流与讨论区。 在学习过程中遇到疑难问题，欢迎联系我们，课程网址是 http://bb.sziit.com.cn，E-mail 是 server@ sziit.com.cn。

本书是深圳信息职业技术学院多年来网络课程建设项目的积淀，也是广东省教学成果培育项目和学院教学成果培育项目的研究成果之一。 书中参考并引用的参考资料已在参考文献中列出，如有遗漏，恳请原谅，并对资料及案例作者表示感谢。 感谢深圳信息职业技术学院的院领导对网络课程建设项目的倾力支持；感谢广东省高校教育技术中心主任李克东教授多年来对我院网络课程建设项目的指导，并为本书作序；感谢高等职业技术教育研究所童山东教授的关心与指导；感谢吴华为本书付出的辛勤劳动；感谢北京赛尔毕博公司的大力支持。 由于作者经验与学识有限，书中不足之处在所难免，欢迎读者批评指正。

编 者

2011 年 6 月

本书得到 Blackboard Inc. 赞助。

目 录
Contents

第1章 Chapter

交互式网络课程设计概述

随着 IT 技术的发展，网络课程正逐渐改变传统教学模式、教学内容、教学手段和教学方法。本章详细介绍网络课程的概念、网络教学的理念、网络课程的教学设计和交互式网络课程设计与建设流程，从不同角度介绍网络课程。

学习重点
1. 了解网络课程的定义及特点。
2. 理解交互式网络课程与网络教学。
3. 掌握交互式网络课程的规划与设计方法。

主要任务
1. 了解网络课程定义及特点。
2. 了解网络教学的理念及特点。
3. 了解网络课程的教学设计。
4. 掌握交互式网络课程的建设流程。

在信息社会中，信息技术成为信息社会生产力发展水平的主要标志，信息化水平已成为衡量一个国家现代化水平和综合国力的重要指标。提高国民的信息素养，培养信息化人才成为国家信息化建设的根本。党中央、国务院先后提出"高等学校要在教学活动中广泛采用信息技术，不断推进教学资源的共建共享，逐步实现教学及管理的网络化和数字化"[1]，"开发网络学习课程，创新网络教学模式，更新教学观念，改进教学方法，提高教学效果"[2]。网络教学对提高教学运行效率，扩大受教育人群范围，促进教学模式改革，探索人才培养模式，提高师生的信息素养具有十分重要的意义。

1.1 网络课程概述

多媒体计算机与网络技术在教育领域中的应用，促使教育领域发生了深刻的变革，网络课程作为信息技术与教学实践结合的一种新的教学形态和教学载体逐渐受到关注。

---

[1] 教育部关于进一步深化本科教学改革全面提高教学质量的若干意见，教高[2007]2 号。
[2] "国家中长期教育改革和发展规划纲要"(2010—2020 年)。

1.1.1　网络课程

1. 网络课程的定义及内涵

从本质上讲，网络课程仍属于课程的范畴，而"课程"一词源于拉丁语"Currere"。"Currere"原意指"跑的过程与经历"，它可以把课程的涵义表征为学生和教师在教育过程中的鲜活的经验和体验，可以看出，教师与学生是课程的主体。

根据教育部现代远程教育资源建设委员会在"现代远程教育资源建设技术规范"中网络课程的定义，网络课程是通过网络表现某种学科的教学内容及实施的教学活动的总和。它包括两个组成部分：一是按一定的教学目标、教学策略组织起来的教学内容；二是网络教学支撑环境。本书所依托的"网络教学支撑环境"是指 Blackboard 教学管理平台（Blackboard Learning System™，简称 Blackboard）。

网络课程与传统课程相比，其优越性表现在资源共享和对学习者的适应性方面。首先，网络为学习者提供了丰富的信息资源以及便捷的信息获取途径，有利于学习者快速、有效地获取信息；其次，它打破了时空限制，使得教学更灵活，更能体现学习的自主性；再次，网络课程以多种媒体形式呈现学习内容，各种媒体优势互补，使教学更生动、更形象，有助于提高学习者的学习兴趣；最后，以网络为载体的课程内容可以随时更新，借助于任何一种网络交流形式（如 BBS、E-mail 等），师生之间、学习者之间可以实现大范围、深入的、更人性化的交互。

2. 网络课程的基本构成

网络课程可以为师生提供强大的网络教学与学习的环境，一般由教学内容模块、协作交互模块、测验考试模块和信息记录模块等构成。网络课程在形式上，可以是自主开发的网页形式的课程，也可以是基于网络教学平台开发的课程。

教学内容模块：包括课程简介、教学目标说明、教学大纲及计划、知识点内容、典型实例、多媒体素材、参考文献、外部资源及网址等。

协作交互模块：包括电子邮件、讨论板、聊天室、虚拟课堂、疑难解答等。

测验考试模块：包括题库创建、试题添加、测试管理、成绩管理及预警等。

信息记录模块：包括用户管理、课程统计、学习信息记录、适应性发布规则等。

教师在创建网络课程时，可根据实际教学需要添加相应的栏目和模块。

3. 网络课程与交互式网络课程的异同

传统的网络课程以教学内容为中心，认为学习者是被动的知识接受者。交互式网络课程强调以学生为中心，认为学习者是认知的主体，是知识意义的主动建构者，所有的教学资源都必须围绕学生的学习来进行优化配置。交互式网络课程"以学习者为中心"，重视学习过程中的交流协作。

交互式网络课程中的交互根据活动的主体、客体关系进行分类，主要包括两种：教学性交互和社会性交互。教学性交互是指发生在学习者和学习环境之间的事件，主要指学习者与教学内容以及学习者与界面之间的交互。社会性交互是指人与人之间的交流活动，网络环境下利用电子邮件、聊天室等交互工具，学习者与学习者以及学习者与教师之间进行的社会性交流与协作。具体来说主要有以下几种交互。

（1）学习者和界面的交互。这里的界面专指以传递教育教学信息为目的的网络课程页面,主要强调界面的整体以及元素的认知和审美特点。页面是构成网络课程的基本要素,是学习者与网络课程交互的窗口,信息传输是否通畅很大程度上取决于页面的设计。

（2）学习者和学习内容的交互。学习者与学习内容之间的交互是教育教学中最基本的交互方式之一,它以学习者对教学内容产生正确意义建构为目的,是所有教育过程的基础。网络环境下,学习者更多的是进行自主学习,他们利用已有的知识和生活经验通过与学习内容进行交互,改变原有的认知结构和认知态度。

（3）学习者和教师的交互。网络环境下师生之间时空上的距离,导致了双方心理上、交流上的障碍,其中存在着教师、学习者双方发生误解的空间,这些都迫切要求网络课程中加强交互活动的设计。只有让教师和学习者不断地发生互动,学习者的学习才能有效地发生。网络教学要充分发挥学习者的主动性和教师的引导性。通过交互,学习者实现对学习信息和学习活动的有意控制,实现知识建构的同时能够得到教师的及时指导。

（4）学习者和学习者的交互。学习者与学习者的交互是一种可以对网络教学质量产生很大影响的交互形式,既可以是两个学习者之间的对话,也可以是多个学习者之间的小组讨论。学习者通过网络相互交流学习经验、分享学习成果,使知识水平得到共同提高。在网络教学过程中不仅需要知识上的交流,更为重要的是需要一种情感上的交流。

这 4 种交互并不是截然分开的,它们相互作用、相互影响,甚至有时是同时发生的。

1.1.2　网络教学

网络课程作为网络教学的基本单元,是教育资源的核心部分,是网络教学开展的基本前提和条件,网络课程应用于教学,将丰富教学资源、重构教学内容体系、推动教学方法改革、创新教学方式和教学组织形态,突破教学时空的限制,使教学活动获得更广阔的发展空间。

1. 网络教学促进教学改革

随着 Internet 技术的迅速发展,网络在教育领域中的应用日益广泛,网络教学作为一种新型的教学形态逐渐受到人们的关注。网络教学是把网络作为教学工具、教学资源和教学环境的一种教学方式,主要包括三个方面的内容:一是网络教学是通过网络进行的教学,网络作为知识与信息的载体而存在,可以视为教学的工具或媒体;二是网络教学是开发和利用网络知识与信息资源的过程,网络教学是对学习资源的开发、利用与再生;三是网络教学还把网络作为教学的一种环境。

在网络环境下,主要的教与学的形式有以下几种。

（1）情景激发。运用信息技术手段创设教学情境,使学生在情与景的交融中产生学习动机,完成学习任务。

（2）协作互动。利用多媒体技术和网络技术构建教师与学生、学生与学生之间的协作和交互,共同协商,完成学习任务。

（3）自主学习。学生通过丰富的教育资源和学习指导进行自主学习，完成学习任务，培养学生主动探究和积极实践能力。

（4）虚拟仿真。运用信息技术手段虚拟实际情境，提供多感觉通道的学习环境。

2. 网络课程应用于教学实际

20世纪90年代以来，随着互联网技术的迅猛发展，网络课程主要应用于教育领域。如何通过网络使优质的教育资源和先进的教育理念共享，变革教学方式，培养创新人才，提高教育质量，已成为教育信息化时代各国普遍关注的问题。

2001年，麻省理工学院推出"开放式课程网页"（Open Course Ware，OCW）的概念，向全世界的学习者无偿提供优秀课程资源。该项目计划用10年时间将麻省理工学院的2000多门课程资料制作成网络课程，供全球学习者和机构免费使用。

日本自2005年开始进行开放式网络课程网页（JOCW）项目，由东京大学、大阪大学、京都大学、庆应大学、东京工业大学和早稻田大学6所高校成立日本开放式网络课程联盟，将6所大学的课程大纲、讲义、笔记等资料发布于互联网上供学习者使用。

我国于2003年正式启动精品课程建设，到2010年共建设3000门左右的精品课程，其目的在于利用信息技术手段将精品课程的相关内容上网并免费开放，以实现优质教学资源共享，提高人才培养质量。

由于网络教学与传统教学之间的差异和网络教学固有的优势，所以，网络教学模式也体现出自身的特征，这主要表现在教师角色、学生地位、教学过程、媒体作用等几个方面的转变。

（1）教师角色的转变

在网络教学模式中，教师的角色将由原来的知识讲解员、传授者转变为学生自主学习的指导者、学生建构意义的促进者、学生网络学习的领航者等。

（2）学生地位的转变

在网络教学模式中，学生的地位将由原来的被动接受转变为主动参与，学生将成为知识的探索者和学习过程中真正的认知主体。

（3）教学过程的转变

在网络教学模式中，教学过程将由原来的知识归纳型或逻辑演绎型的讲解式教学过程转变为创设情境、协作学习、会话商讨、意义建构等新的教学过程。

（4）媒体作用的转变

在网络教学模式中，教学媒体将由原来作为教师讲解的演示工具转变为学生学习的认知工具。

1.1.3 网络教学平台

网络教学平台是构建网络课程的技术基础，是组织实施网络教学的平台。目前，国内使用的网络教学平台主要有Blackboard、清华教育在线、天空网络教室、得实网络教学系统、卓越远程互动平台和Moodle等。

1. 网络教学平台的内涵

网络教学平台又称网络教学支持平台,是实施网络教学的技术基础。网络教学不仅是将教学材料在网上发布,更多的是学生与教师之间、学生之间的充分沟通与交流。利用网络技术开发的网络教学平台有广义和狭义之分。广义的网络教学平台既包括支持网络教学的硬件设施、设备,又包括支持网络教学的软件系统。也就是说,广义的网络教学平台有两大部分:硬件教学平台和软件教学平台。狭义的网络教学平台是指建立在互联网基础之上,为网络教学提供全面支持服务的软件系统。本书所指的网络教学平台为狭义的网络教学平台。

2. 网络教学平台的主要功能

网络教学平台根据功能的大小,可以是一个小的工具,也可以是一个大型的网站或系统,大多具有课程发布及跟踪和管理能力,支持自主学习与协作学习,部分产品还具有集成的课程内容和编创工具。

网络教学平台系统的基本功能要素有以下几点。

(1) 通知公告,学习信息发布,能够为学习者提供最新的教学信息。

(2) 在线课程浏览。学习者能够在网络教学平台中浏览教学计划、授课课件,进行音视频点播。

(3) 在线讨论。可以进行实时或非实时、同步或异步的网上学习讨论。

(4) 在线作业、测试。学习者能在网络教学平台中完成测试和作业,系统能进行自动评测,并给出相应的答案和题解。

(5) 资源库。为学习者提供丰富的数字化学习资源及在线教学资源。

(6) 协作学习工具。网络教学平台提供协助学习的工具及空间,如网上教室讨论板、电子白板、小组学习情况浏览和视频课堂等同步协作学习工具。

(7) 学习空间。展现学习者信息及学习进度、成绩的空间,供教师了解学习者的情况。

(8) 电子邮件。提供学生之间、学生与教师之间的学习联系。

(9) 导航。指导平台系统的使用,并给学习者提供帮助。

(10) 文件上传。上传教师和学生的教学资料。

(11) 检索。能快速地查询自己需要的或感兴趣的教学信息和资料。

(12) 后台控制。维护和管理网络教学平台系统,保障平台安全运行。

3. Blackboard 教学管理平台简介

Blackboard 教育软件(Blackboard Academic Suite)是由美国 Blackboard 公司推出的一个支持百万级用户的教学平台,它以课程为核心,具备很多可独立运行且支持二次开发的模块式结构。包含学习管理平台(Blackboard Learning System)、门户社区平台(Blackboard Community System)、资源管理平台(Blackboard Content System)以及 Outcome 评估平台(Blackboard Outcome System)等,为师生提供了强大的施教和学习的网络教学环境,其中学习管理平台主要有 5 大功能模块:课程内容模块、课程工具模块、课程选项模块、测验管理模块、用户管理模块。

1.2　网络课程的教学设计

教学设计是教学目的的预演,在整个教学过程中发挥前导和定向功能,决定着教学过程和教学效果的优化与否,是决定网络课程质量的关键,也是网络课程区别于一般网络软件的特殊表征。

1.2.1　教学目标设计

1. 教学目标的概念

教学目标是指教学活动实施的方向和预期达到的结果,是一切教学活动的出发点和最终归宿,它既与教育目的、培养目标相联系,又不同于教育目的和培养目标。教学目标是网络课程设计的基础,是学习者在网络教学活动实施中应达到的学习结果,明确的教学目标设计有利于学习者的学习方向。

2. 教学目标的功能

教学目标是教学活动的出发点和最终归宿,对落实教学大纲、制订教学计划、组织教学内容、明确教学方向、确定教学重点、选择教学方法、安排教学过程等起着重要的导向作用。它具有以下几个功能。

(1) 教学设计可以提供分析教材和设计教学活动的依据。教师一方面根据教学目的确定课时教学目标,另一方面又根据这些教学目标设计教学活动和实施教学。可以说,教学目标不仅制约着教学设计的方向,也决定着教学的具体步骤、方法和组织形式,有利于保证教师对教学活动全过程的自觉控制。

(2) 教学目标描述具体的行为表现,能为教学评价提供科学依据。教学大纲提出的教学目的与任务过于抽象,教师无法把握客观、具体的评价标准,使教学评价的随意性很大。用全面、具体和可测量的教学目标作为编制测验题的依据,可以保证测验的效度、信度及试题的难度和区分度,使教学评价有科学的依据。

(3) 教学目标可以激发学习者的学习动机。要激发学习者的认识内驱力、自我提高内驱力和附属内驱力,必须让学习者了解预期的学习成果,他们才能明确成就的性质,进行目标清晰的成就活动,对自己的行为结果作成就归因,并最终取得认知、自我提高和获得赞许的喜悦。

(4) 教学目标可以帮助教师评鉴和修正教学过程。根据控制论原理,教学过程必须依靠反馈进行自动控制。有了明确的教学目标,教师就可以此为标准,在教学过程中充分运用提问、讨论、交谈、测验和评改作业等各种反馈的方法。

3. 教学目标分类

要在教学实践中科学地确定和实施教学目标,除了了解教学目标的内涵与功能外,还应了解当今世界上最具影响力的几种教学目标分类理论,以便从中得到借鉴。

根据布卢姆等的教学目标分类方法可将教学目标分为认知学习领域目标、动作技能领域目标和情感学习领域目标。

（1）认知学习领域目标。认知学习领域目标是指知识的结果，包括知识、理解、运用、分析、综合和评价。

（2）动作技能领域目标。动作技能涉及骨骼和肌肉的运用、发展和协调。在实验课、体育课、职业培训、军事训练等科目中，这些通常是主要的教学目标。本书以基布勒（R. J. Kibler）等人于 1981 年提出的四类动作技能为例：①全身运动，它包括上下肢或部分肢体的运动，要求臂和肩、脚和腿的协调；②细微协调动作，它包括手和手指、手和眼、手和耳，手、眼、脚的精细协调动作；③非言语性表达，它包括脸部表情、手势和身体的动作等；④言语行为，它包括发音、音词结合、声音和手势协调等。

（3）情感学习领域目标。情感是对外界刺激的肯定或否定的心理反应，如喜欢、厌恶等。情感学习与形成或改变态度、提高鉴赏能力、更新价值观念、培养高尚情操等密切相关。克拉斯伍（D. R. Krathwohl）等制定的情感领域的教育目标分类于 1964 年发表，其分类依据是价值内化的程度。该领域的目标共分五级：接受或注意、反应、评价、组织和价值与价值体系的性格化。

4. 教学目标的编写要求

了解了教学目标的内涵、功能及各种教学目标分类的理论后，接着就应该讨论在课堂教学中设计教学目标的问题。一般来说，教学目标的设计必须注意以下几个问题：教学目标的整体性、教学目标的灵活性、教学目标的层次性、教学目标的可操作性。

高职教育培养的是高技能的应用型人才，反映在教学目标的确定上就要求从"知识目标"转变到"能力目标"上来，以学生是否有能力的获得或提高作为检验教学的标准。具体来说，对教学目标的设计应体现在两个方面：宏观上，教学目标的设计要综合考虑教学大纲，进行总体教学目标的引导设计，且最终目标要明确，就是使学生具有实践能力——解决实际问题的综合能力；微观上，要进行具体的单元知识模块以及单项技能的教学目标设计。

1.2.2　教学内容的选择和组织

教学内容是实施教学并使教学效果达到预期教学目标的根本。分析教学内容的工作以总的教学目标为基础，旨在规定教学内容的范围、深度和揭示教学内容各组成部分的联系，以保证达到教学最优化的内容效度。教学内容的范围指学习者必须达到的知识和能力的广度，深度规定了学习者必须达到的知识深浅程度和能力的质量水平。明确教学内容各组成部分的联系，可以为教学顺序的安排奠定基础。所以，教学内容的安排既与"学什么"有关，又与"如何学"有关。

1. 教学内容分析

教学内容有一定的结构层次，教学内容分析可以在不同层次上进行。本书将教学内容划分为课程（指狭义的课程）、单元和项目（项目可以是一个知识点，也可以是一项技能）等层次；在职业技术培训方面，一般按工种（如车工、钳工等）、任务和技能等对培训内容进行划分。

分析教学内容一般可采用以下步骤：选择与组织单元、确定单元目标、确定学习任务的类别、评价内容、分析任务、进一步评价内容。

对教学内容的分析,如有必要,可进一步深入下去。在这项工作中,学科教师、学科专家、职业培训专家等合作完成教学内容的分析与确定。

2. 教学内容的选择与安排

教学内容的安排是对已选定的学习任务进行组织编排,使它具有一定的系统性或整体性。在一门课程中,各单元教学内容之间的联系一般有 3 种类型:一是相对独立,各单元在顺序上可互换位置;二是一个单元的学习构成另一个单元的基础,这类结构在序列上极为严密;三是各单元教学内容的联系呈综合型。

教学内容的选择与安排有影响力的 3 种观点是:布鲁纳提出的螺旋式编排教学内容的主张、加涅提出的直线编排教学内容的主张和奥苏贝尔提出的渐进分化与综合贯通的原则。这 3 种观点各有利弊,教师在安排教学内容时,最好根据学科特点对上述 3 种观点综合运用。组织教学内容要重视以下几方面:①由整体到部分、由一般到个别、不断分化;②确保从已知到未知;③按事物发展的规律排列;④注意教学内容之间的横向联系。

现行教材大都是以系统知识为体系进行编排,内容多而广,对高职学生来说并不一定都非常"实用"。这就要求我们在设计网络课程教学内容的时候,应以"实用"为原则进行设计。根据不同的专业实际按职业能力进行知识体系分解,采用模块化的形式来重组教学内容,并进行模块化、项目化设计。让学习者在一定的范围内依据自己的学习情况、专业发展方向选择合理的学习模块,实现学习者个人的目标满足,满足不同层次的学习需求。

1.2.3 教学策略设计

1. 教学策略概述

教学策略一般是指对完成特定教学目标而采取的教学活动程序、方法、形式及媒体等因素的总体考虑,是网络课程教学设计的核心。网络课程教与学的过程区别于传统的教与学的过程,它更多的关注学习者的自主学习和学习者与学习同伴间的协作学习。因此在网络课程的教学设计过程中,根据不同的学习者和学习群体,提供合适的学习策略就显得尤为重要。

2. 教学策略设计的内容

由于学习者的学习风格互不相同,课程内容的认知层次也深浅不一,因此,网络课程需要多种教学策略,如自主学习策略、协作学习策略、基于问题/项目的学习策略等。通过多样的教学策略和活动,增进学习者对学习任务的认识、对学习方法的调用和对学习过程的调控。

另外,学习情境能促进学习者进行有意义的学习,驱动学习者进行自主学习,主动建构知识意义。为学习者提供一个完整、真实的问题情境,使学生者产生学习的需求,也是教学策略设计的内容之一。

1.2.4 教学评价设计

网络课程设计的质量,除了上述各方面内容的设计之外,合理的、多样化的教学评价也是网络课程设计质量的重要指标。

1．教学评价的种类

依照不同的分类标准,教学评价可分为不同类别。按评价基准的不同,可分为相对评价、绝对评价和自身评价;按评价内容的不同,可分为过程评价和成果评价;按评价功能的不同,可分为诊断性评价、形成性评价和总结性评价;按评价分析方法的不同,又可分为定性评价和定量评价。

(1) 相对评价就是在被评价对象的群体或集合中建立基准,然后把各个对象逐一与基准进行比较,来判断群体中每一成员的相对优劣。对学习成绩的评定通常是以群体的平均水平为基准,以个人成绩在这个群体中所处的位置来判断。利用相对评价来了解学生的总体表现和学生之间的差异,或比较群体学习成绩的优劣是相当不错的。它的缺点是,基准会随着群体的不同而发生变化,因而易使评价标准偏离教学目标;不能充分反映教学上的优缺点和为改进教学提供依据。

(2) 绝对评价就是将教学评价的基准建立在被评价对象的群体或集合之外,把群体中每一成员的某种指标逐一与基准进行对照,从而判断其优劣。教学评价的标准一般是教学大纲以及由此确定的评判细则。绝对评价的优点是评价标准比较客观,如果使用得当,可使每个被评价者都能看到自己与客观标准之间的差距,以便不断向标准靠近。它的缺点是在制定和掌握评价标准时,容易受评价者的原有经验和主观意愿的影响,也不易分析出学生之间的学习差异。

(3) 过程评价和成果评价通常是根据评价内容的焦点来区分的,过程评价主要是关心和检查用于达到目标的方法和手段如何;成果评价也称产品评价,是关心和检查计划实施后的结果或产品使用中的情况。

(4) 诊断性评价也称教学前评价或前置评价。一般是在某项教学活动开始之前,对学生的知识和技能、智力和体力,以及情感等状况进行“摸底”,如我们在第 4 章中提到的预测,通过了解学生的实际水平和准备状况,判断他们是否具有实现新的教学目标所必需的基本条件,为教学决策提供依据,使教学活动适合学生的需要和背景。

(5) 形成性评价是在某项教学活动的过程中,为使活动效果更好而不断进行的评价,它能及时了解阶段教学的结果和学生学习的进展情况、存在问题等,以便及时反馈,及时调整和改进教学工作。形成性评价进行得比较频繁,如一个章节或一个单元后的小测验。形成性评价一般又是绝对评价,即注重于判断前期工作的达标情况。

(6) 总结性评价又称事后评价,一般是在教学活动告一段落时为把握活动最终效果而进行的评价。如学期末或学年末各门学科的考核、考试,目的是检验学生的学业是否达到了各科教学目标的要求。总结性评价注重的是教与学的结果,借以对被评价者所取得的较大成果做出全面鉴定、区分等级和对整个教学方案的有效性做出评定。

(7) 定性评价和定量评价这两种评价是指评价分析方法的不同。定性评价是对评价作“质”的分析,是运用分析和综合、比较和分类、归纳和演绎等逻辑分析的方法,对评价所获取的数据资料进行思维加工。定量评价则是从量的角度运用统计分析、多元分析等数学方法,从复杂纷乱的评价数据中总结出规律性的结论,由于教学涉及人的因素、变量及其关系是比较复杂的,因此为了揭示数据的特征和规律,定量评价的方向、范围必须由定性评价来规定。可以说,定性评价与定量评价是密不可分的,二者互为基础、互相补充、切不可片面强调一方面而偏废另一方面。

2. 教学评价的内容

教学评价主要包括学习活动(过程)评价、学习态度评价、学习效果评价、学习交互程度评价和利用学习资源评价。对学生参与网络课程的教学活动给予积极有效的评价,可以鼓励或肯定学生学习的积极性,保证良好的学习效果,更重要的是有利于教师了解学生的学习状况,以便作进一步的学习设计、指导、建议等。同时,学生也需要获得教学反馈,有利于修正学习中的错误。总结性评价是指在整个网络课程开发完成后,或上网发布后,根据试验原型的评测结果和实际运行中的反馈信息以及出现的问题进行修改,使之趋于完善,最后对网络课程的质量水平做出价值性的判断。

3. 教学评价的方法

教学评价的方法一般包括制订评价计划、选择评价方法、试用评价方法和收集资料、归纳和分析资料、形成报告评价结果等几个步骤。

网络课程设计中,应针对不同的学习形式给予不同的评价反馈方式,及时的、多样的教学评价反馈有利于强化学习者的学习效果和激发学习者的学习兴趣。

1.3　交互式网络课程的开发与建设

1.3.1　交互式网络课程设计策略

交互式网络课程注重应用网络课程实施教学时的各种交互,所以特别注重学习资源设计、学生支持服务、交互教学等方面的设计。

1. 学习资源设计与开发的策略

学习资源设计与开发的策略主要包括目标制定策略、内容组织策略、媒体选择策略。这一阶段对教师的"教"考虑较多,各环节有一定的先后顺序,但各环节之间也相互影响。

(1) 目标制定策略。网络教学目标的制定要依据学习者的需求和特征。教师在制定教学目标时要充分考虑学习者的学习需求、学习目标、注重知识与技能目标的结合,注重能力与技能的培养。

(2) 内容组织策略。在选择和组织网络教学的内容时,要遵循"精而实用"的原则,要加强教学与实践的联系,使所学知识与学习者已有知识相结合,又能直接应用于实践,提高学习者的学习兴趣和分析问题、解决问题的能力。

(3) 媒体选择策略。媒体的选择应依据学习者的需要、教学内容的特点和学习者的学习风格等因素来定,并不是媒体越先进效果越好,关键在于能够更好地呈现教学内容,帮助学习者更好地理解内容。

2. 学习者支持服务策略

在此阶段考虑更多的是学习者的"学",教师是学习者的引导者、督促者和学习环境的创设者,通过实施各种策略促进学习者的学习。学习者支持服务策略主要是对学习活动进行引导、监控、评价和反馈,尽可能协调教学活动中各要素之间的关系。

(1)引导策略。引导内容主要有网络学习的观念、方法、过程,课程学习的目标、方法、技能等,资源获取途径,问题解决及求助方法。

(2)监控策略。要督促学习者顺利完成学习任务并保证教学质量,要及时、主动地了解学习者的学习情况,对其学习过程进行监控,并根据监控情况对学习者进行提示。

(3)评价和反馈策略。网络教学评价的目的是促进学习者的学习,要通过各种反馈让学习者学会自我评价、自我调控。

3. 交互教学策略

交互教学策略是在特定的网络教学情境中为适应学的需要和顺利完成教学任务,教师与学习者共同对教学活动进行调节和控制的一系列的措施与行为执行过程。这种调节与控制是以对教学目标、教学内容、教学模式、教学对象、教学环境等要素的分析为基础,系统运用教学方法、教学手段、教学模式,对教学过程优化处理的过程。

1.3.2　交互式网络课程的设计流程

交互式网络课程的设计是一个系统的过程,对网络课程的质量和教学效果有至关重要的作用。基于 Blackboard 教学管理平台的交互式网络课程设计主要包括栏目导航设计、教学内容设计、交互教学设计和测试与评价设计等方面。具体设计流程及方法如图 1-1 所示。

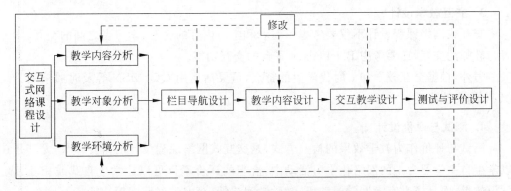

图 1-1　交互式网络课程设计流程

教学内容分析、教学对象分析和教学环境分析是在利用 Blackboard 平台构建交互式网络课程之前的教学设计环节已完成的步骤,故本书不对此内容进行详细阐述。

1. 栏目导航设计

栏目导航设计是利用 Blackboard 平台构建交互式网络课程的重要环节。在

Blackboard 平台中栏目又称为课程菜单,起到内容提示和导航的作用。课程栏目的设计包括两部分:栏目内容设计和栏目风格设计。课程的栏目就好比书的目录,应该让人一目了然,在设计课程栏目时,应把握以下几个原则:①栏目名称表述清晰,没有歧义;②栏目划分合理,避免内容重叠;③注意内容排列的先后顺序;④与课程整体风格保持一致,与课程横幅、内容区的配色要一致。

导航可以比作是交互式网络课程的"舵",导航设计要清晰、明确、简单,符合学习者认知心理。一般可以采用提供信息网络结构图、列出课程结构说明、采用下拉式菜单和折叠式菜单、提供检索机制直接跳转到所学内容及记录学习路径并允许回溯等方法。

2. 教学内容设计

教学内容是交互式网络课程设计的主体。教学内容的设计应按照网络环境的需要和教学目标进行合理分解与重组,并根据不同内容的知识特点选择不同的媒体表征形式,以便使教学内容适于以网络化的形式和手段表现出来。基于 Blackboard 平台的内容组织方式如表 1-1 所示。

表 1-1　交互式网络课程的内容组织方式

组织方式	特　　点	Blackboard 是否支持
模块(项目)化组织	有利于系统掌握知识	支持
知识点间链接	促进学习者新旧知识联系	支持
表现形式多样	使学习者加深对知识的理解	支持
关键知识点呈现	使学习者识别与掌握重点、关键知识	支持

3. 交互教学设计

交互式网络课程设计不仅要考虑学习者和学习内容的交互、学习者之间的交互、学习者与教师的交互,还要考虑 Blackboard 平台的交互功能。

另外,根据交互教学和 e 时代学生的特点,可灵活运用 QQ、MSN 等及时通信工具组织、实施交互活动。

4. 测试与评价设计

测试与评价作为教学效果的检验方式,是交互式网络课程设计的重要环节,尤其是在以学生自主学习为主的网络化学习活动中,恰当的评价不仅可以让学生自我或相互评定学习效果,而且还具有激发学习动机、激励学习热情、获取学习反馈等功能。

1.3.3　交互式网络课程的建设流程

交互式网络课程建设是一项复杂的系统工程,必须保证一定的建设周期,其建设的基本工作流程如图 1-2 所示。

从图 1-2 可以看出交互式网络课程建设主要包括课程教学设计、课程建设和课程优化应用 3 个阶段,在后面的章节中会讲解各阶段的设计方法。

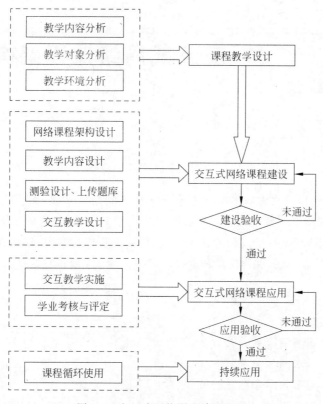

图 1-2　交互式网络课程建设流程

小　　结

　　本章从网络课程的基本概念入手,循序渐进地介绍了网络课程、交互式网络课程、网络教学、网络课程的设计、交互式网络课程的开发与建设方法等知识。重点介绍了网络课程教学设计的教学目标设计、教学内容的选择和组织、教学策略设计、教学评价设计,以及交互式网络课程开发与建设的主要方法。希望学习者通过本章学习掌握交互式网络课程的设计与建设的方法。

第2章 交互式网络课程架构
Chapter 2

课程架构指的是网络课程的基础框架。从狭义的角度来说,课程架构像一本书的目录,体现了一门课程要讲解的知识点构成。从广义的角度来说,课程架构除了包含课程的目录以外,还应该体现出教学过程的各个环节,例如课程内容学习、作业、研讨、测验等。课程架构主要包括课程栏目、课程横幅和课程内容区。本章主要讲解这些内容的构建方法。

学习重点

1. 掌握网络课程的基本架构。

2. 掌握网络课程栏目的设计方法。

3. 掌握网络课程横幅的设计方法。

4. 掌握网络课程内容区的设计方法。

5. 掌握规划网络课程的基本原则。

主要任务

1. 网络课程基本架构。

2. 课程栏目设计。

3. 课程横幅设计。

4. 课程内容区设计。

5. 网络课程架构设计。

2.1 课程架构设计

如图 2-1 所示,这是一门已经建好的交互式网络课程。当用户登录网络教学平台,进入该门课程后,将会看到如图 2-1 所示的界面。我们可以将此界面理解为网络课程的"封面",或者称为首页。

首页由 3 个区域构成:课程栏目区、课程横幅区、课程内容区,如图 2-2 所示。

这就是网络课程的基本架构,由课程栏目、课程横幅、课程内容 3 个基础部分构成。

课程栏目也称为课程菜单,位于首页的左边,是这门课程的基本目录结构,同时也体现了教学过程。例如"通知公告"栏目发布教师关于教学过程的通知、要求等;"教学团队"栏目放置课程所有任课教师的个人资料,提供教师的联系方式;"课程文档"栏目放置课程

图 2-1　一门典型的交互式网络课程

图 2-2　网络课程构成区域

的课件等教学文档;"在线测试"栏目放置课程的各阶段测试等。教师可以根据各自课程的特点、教学的需求等,自行设计不同的栏目。课程栏目通常是以按钮的形式体现,按钮的样式、颜色、图案、文字等,都是允许用户自定义的。课程栏目是网络课程必需的组成部分。

　　课程横幅简称横幅,通常用于展现课程名称或主题思想,往往是配合课程的主题、课程栏目按钮颜色等设计而成,可以是静态的图片,也可以动态图形的方式增加其表现力。横幅不是网络课程必需的组成部分,但是添加横幅可以使网络课程变得更生动形象。

　　课程内容,顾名思义,就是网络课程的具体内容,包括所有课程栏目的内容,例如"教学团队"栏目里关于教师的相关信息,"课程文档"栏目里放置课程的课件等,统称为课程内容,如图 2-2 所示。"通知"也是课程内容的一部分,课程内容一般情况下在课程内容区直接显示出来。当用户单击"内容创建"栏目时,可以看到如图 2-3 所示的课程内容。

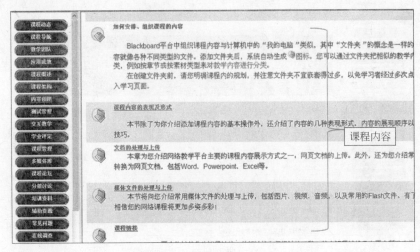

图 2-3　课程内容示例

课程栏目、课程横幅、课程内容全部由教师根据课程的教学要求自行设计,下面来讲解如何设计与制作这 3 部分。

在着手建设网络课程之前,首先要对课程架构进行整体规划与设计,这是建设网络课程的第一个步骤,也是非常重要的一个步骤,课程架构规划的好坏,直接关系到建设课程效果的优劣。

网络课程架构设计应遵循以下步骤。

1. 课程需求分析

首先教师应对网络课程进行全面的需求分析,明确课程是什么类型的课程,是理论课程还是实践课程? 采取的教学方式是传统的讲授方式还是学生自主学习的方式或者是其他方式? 设计的网络课程只是用于作为课堂教学的补充,还是完全依托网络课程完成教学任务?

不同的需求决定了不同的课程设计。例如实践课程,教师要考虑设计更多的操作环节;自主学习课程,教师要设计如何引导学生进行学习;作为补充的网络课程,教师可能只需要设计一些补充的资源,拓宽学生的学习面;而完全依托网络课程的教学就要设计完整的教学文档、教学环节等。

2. 课程栏目设计

根据课程的需求分析,决定课程需要设置哪些栏目,各栏目有何作用,计划放置什么内容等。

常见的课程栏目设计模式有两种:一种是以课程章节来设计;另一种是以教学环节来设计。

(1) 课程章节设计模式

课程栏目相当于教材的目录或者是知识点的结构。例如,本书的面向对象是使用网络课程的教师,主要讲解如何设计一门"交互式网络课程",本书的主要章节包括"课程概述"、"课程架构"、"内容创建"、"测试管理"、"交互教学"、"学业评定"等章节内容,分别讲解如何在网络课程中架构一门课程、如何实现教学资源的处理上传、如何实现与学生在网络教学平台上教学互动、如何实现对学生的学业考核评定等,在栏目设计上可以采取章节设计的模式,如图2-4所示。学习者单击不同栏目,可以看到具体的课程内容。

（2）教学环节设计模式

教学环节设计模式也是常用的模式。一般情况下,教学环节包括课程讲授、作业（布置作业和做作业）、实践操作、小组研讨、交流互动、考试等。用这些教学环节来作为课程栏目,各环节的教学内容作为栏目里的具体课程内容,如图2-5所示。

图2-4 课程栏目的课程章节设计模式

图2-5 课程栏目的教学环节设计模式

在这种模式下,教师把关于课程的基本教学文件,包括大纲、授课计划、各章节课件等内容放在"课程文档"和"课件展示"栏目,学生在这些栏目进行课程主要内容的学习;"作业测验"栏目放置教师布置的作业题、各阶段考试等,学生在这个栏目完成学业考核的教学环节;"自主学习"栏目实施学生完全脱离课堂,进行自学的教学环节;"观点碰撞"栏目设置了论坛,学生可以在这里进行讨论交流。

无论使用哪种模式,课程栏目的设计一定要清晰、明确,组织合理,有很强的引导作用,栏目名称的设计上要让学生能很直观地理解其作用,方便学生快捷地选择不同栏目完成相应的教学环节。

3. 横幅设计

课程横幅虽然不是必需的部分,但是好的横幅能让课程增色。横幅设计时要注意以下几个问题。

（1）横幅比例合理

如图2-2所示,横幅在课程首页中占据的比例不宜过大。如果过大,下面作为课程核心部分的内容区就看不到了,就会喧宾夺主。

同时横幅自身的比例也应合理。横幅一般是长方形的图像,采取横放的方式。如果是正方形或竖放的方式,就会造成横幅区两侧的空白较多,效果不美观。

(2)横幅图像文件大小合理

网络课程平台是基于浏览器来运行的,横幅图像文件的大小应该适合在网络上传输,不要片面追求图像的精细、美观而造成文件过大。

(3)横幅色彩合理

网络课程中栏目设计、横幅设计、内容区设计应该是一个有机的整体,不能割裂来看,在色彩的配置上,应该遵循基本的色彩搭配原则,配色合理、协调、统一,图 2-6 所示是几个示例。

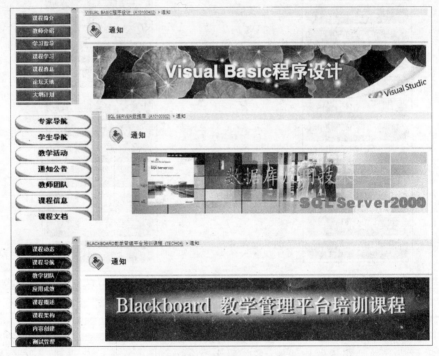

图 2-6　横幅设计示例

4. 内容组织

内容区组织课程相关的各种资源,包括教学文件、辅助资源、测试及作业等,以及如何展示这些资源。内容区的组织模式类似于计算机中文件和文件夹的组织模式。要注意以下几个问题。

(1)内容命名准确、合理。

(2)文件夹嵌套层数不宜过多。

(3)字体字号使用合理。

(4)在一个浏览器窗口中放置的内容不宜过长。

5. 设置课程入口

如图 2-9 所示,登录网络课程以后看到的默认界面中,内容区默认显示的是课程的"通知",这里我们称课程入口是"通知"。课程入口在网络课程平台中是允许自定义的,教师可以根据课程的需要,随时将其中一个课程栏目设置为课程入口,也就是登录后,内容区显示的是该栏目的内容,操作方法如下:

(1) 进入控制面板,如图 2-9 所示,单击"控制面板"中"课程选项"功能区的"设置",进入"设置"界面,如图 2-7 所示。

图 2-7　"设置"界面

(2) 在"设置"界面中单击"课程入口",进入课程入口,如图 2-8 所示。

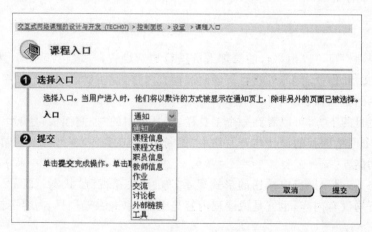

图 2-8　课程入口

(3) 在"入口"选项中通过下拉列表框选择列出的课程栏目,单击"提交"按钮后,完成操作,课程入口就被改成了所选择的栏目。

2.2   课程栏目设计

课程栏目的规划和设计是教师设计一门网络课程的首要步骤。课程栏目位于课程页面的左方,起到内容提示和导航的作用,引导学生单击相应的栏目,进入具体的课程内容进行学习或者进入不同的教学环节。

2.2.1   课程栏目的初始状态

1. 课程栏目的显示方式

当教师在网络教学平台创建了一门新的网络课程时,登录平台后打开课程,会看到课程的默认初始界面,如图 2-9 所示。

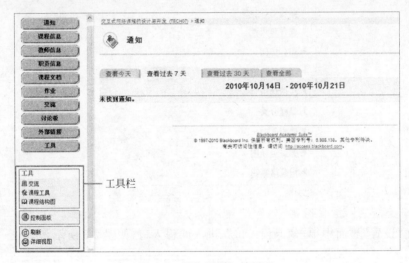

图 2-9   网络课程初始界面

初始的课程栏目可以由平台的管理人员进行初始设置,一般包括通知、课程信息、教师信息、课程文档、作业、交流等栏目。横幅区没有内容,说明初始课程是没有横幅的。内容区默认显示的是通知。

在课程栏目的下方,可以看到一个工具栏,工具栏中的"控制面板"是网络课程的功能控制核心,整个网络课程的设计与开发均由"控制面板"来实现,本书将在不同的章节分别详细介绍其功能。

初始状态下,课程栏目以按钮的形式显示,称为"快速视图"状态,如图 2-9 所示。每个课程栏目下均没有内容,也就是说课程内容是空的,单击课程栏目,内容区提示"文件夹为空"。

课程栏目的显示方式分为快速视图和详细视图两种,可以通过工具栏进行显示状态的切换,操作步骤如下:

(1) 在快速视图状态下,单击工具栏下方的"详细视图",如图 2-10 所示。

(2) 课程栏目显示状态切换为详细视图状态,此时工具栏中原来"详细视图"自动切

图 2-10　快速视图状态

图 2-11　详细视图状态

换为"快速视图",如图 2-11 所示。

(3) 在详细视图状态下,单击工具栏中的"快速视图",课程栏目显示状态切换为快速视图状态,工具栏中的"快速视图"也自动切换为"详细视图",如图 2-10 所示。

(4) 如此循环,课程栏目可以在两种视图状态下切换。

2. 两种显示方式的区别

快速视图是以按钮形式显示,较为直观。按钮的样式、颜色等是可以自定义的,表现样式多样,较为美观。但是不能完整地看到这个课程的全部细节,必须单击进入对应栏目。例如,单击"交流"栏目,才能在内容区看到"交流"栏目下的下一级内容,如图 2-12 所示。

详细视图的显示方式只有一种,如图 2-11 所示,表现方式较为单一。详细视图除了可以显示课程栏目以外,也可以显示出课程栏目下的完整内容结构。

如图 2-11 所示,在"交流"和"工具"栏的左边,有一个"➕"号,表示其存在下一级内容。单击"➕"号,可以展开其下一级内容,如图 2-13 所示。"交流"栏目下展开的内容与图 2-12 所示内容区的内容相符。展开后,可以看到"协作"和"发送电子邮件"两项内容左边有一个"➕"号,说明其存在更下一级的内容,同样可以单击"➕"号继续展开。

图 2-12　交流栏目的下一级栏目

图 2-13　展开后的课程栏目

　　教师和学生可以根据课程的设计需要以及个人的使用习惯,灵活地切换两种显示方式。

2.2.2　课程栏目设计

1. 课程栏目的添加、修改、删除和排序

　　前面提到课程栏目是可以自定义的,教师可以对课程栏目进行添加、修改、删除、排序等操作。操作步骤如下:

　　(1) 如图 2-9 所示,单击课程首页工具栏中的"控制面板",进入控制面板,如图 2-14 所示。

图 2-14　控制面板

　　控制面板是网络课程的功能控制核心,整个网络课程的设计都是由控制面板的各项工具来实现的。

学习小贴士 ✓

　　一门网络课程的用户包括教师和学生,只有以教师身份登录才能使用控制面板工具,而学生身份不行。也就意味着只有教师才能对课程进行设计、修改和管理,以学生身份只能使用和查看网络课程的内容。

　　控制面板分为内容区、课程工具、课程选项、用户管理、测验、帮助等功能区。

---

　　(2) 如图 2-14 所示,单击控制面板中"课程选项"功能区的"管理课程菜单",进入管理课程菜单,如图 2-15 所示。

　　菜单上方是"添加"功能区,用于新建课程栏目。

　　菜单左侧显示的就是课程栏目名称,栏目左边的数字代表该栏目在课程首页的排序。

　　菜单右侧是功能按钮,用于修改课程栏目名称、删除课程栏目。

　　(3) 新建一个课程栏目:单击"添加"功能中的"内容区",进入"添加新区域"界面,如图 2-16 所示。

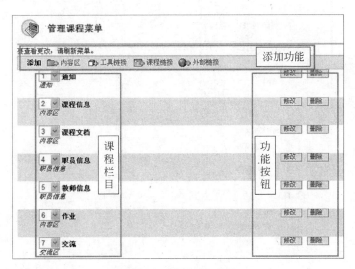

图 2-15　管理课程菜单

图 2-16　添加课程栏目

可以单击下三角按钮选择预设栏目名称,也可以在输入文本框中输入自定义的名称,然后单击下方的"提交"按钮,就完成了新建一个课程栏目,新建栏目默认排序在最后。若需继续新建栏目,只要重复上述过程即可。

(4) 修改课程栏目:选择一个需要修改的课程栏目,单击其右边的"修改"按钮,进入修改状态,如图 2-17 所示。

修改操作与添加操作相同,选择或输入修改后课程栏目名称并单击"提交"按钮,完成修改。修改后的课程栏目排序不变。

(5) 删除课程栏目:选择一个需要删除的课程栏目,单击其右边的"删除"按钮。删除一个课程栏目的同时会把这个栏目下的所有内容一并删除,并且无法恢复。如图 2-18 所

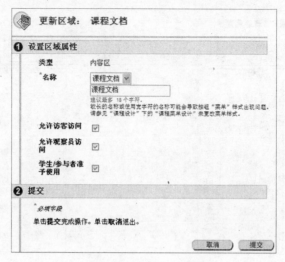

图 2-17　修改课程栏目

示,单击"确定"按钮后,栏目及其内容被删除,其后的栏目顺序自动提升一位。

(6)课程栏目排序:单击要修改位置的课程栏目左边的数字下三角按钮,出现位置序号,如图 2-19 所示,选择一个新序号即可,该栏目及其他栏目的顺序自动重新排列。

2. 课程栏目设计

前面提到,快速视图状态下,课程栏目的按钮样式、颜色等是可以自定义的,操作步骤如下:

(1)如图 2-14 所示,单击"控制面板"中"课程选项"功能区的"课程设计",进入"课程设计"界面,如图 2-20 所示。

图 2-18　删除课程栏目

图 2-19　课程栏目排序

图 2-20　课程设计

(2)在"课程设计"中单击"课程菜单设计",进入"课程菜单设计"界面,如图 2-21 所示。

第 1 步选择菜单样式,也就是课程栏目样式,可选择"按钮"或"文本",这里选"按钮"。

第 2 步选择样式属性,即按钮样式,如图 2-22 所示。通过设置按钮类型、形状、样式等,自行定义所需的按钮样式。也可以直接单击"按钮库",进入"按钮库"进行选择,如图 2-23 所示。

通过选择按钮类型(单色、条纹、图案)和按钮样式(圆角、矩形、圆头)的组合方式,在下方自动出现按钮的样式预览,单击需要的那个按钮。

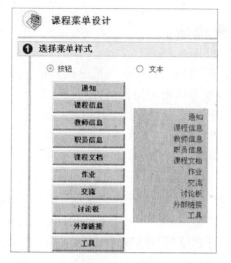

图 2-21　课程菜单设计(选择菜单样式)

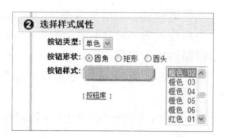

图 2-22　课程菜单设计(选择按钮样式)

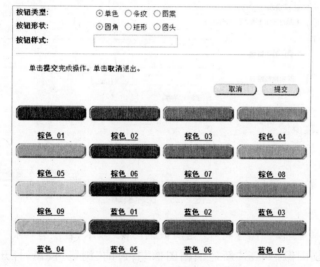

图 2-23　按钮库

第 3 步单击"提交"按钮,如图 2-24 所示,完成按钮样式设计。返回课程首页,可以看到课程栏目按钮已经被修改成用户选择的样式。

图 2-24　提交

若在第 1 步的时候选择"文本",文本样式的菜单设计方法与上面相同。

2.3　课程横幅设计

　　课程横幅简称横幅,通常用于展现课程名称或主题思想,往往是配合课程的主题、课程栏目按钮颜色等设计而成,可以是静态的图像,也可以动态图像的方式增加其表现力。横幅不是网络课程必需的组成部分,但是添加横幅可以使网络课程变得更生动形象。

　　课程横幅可以采用静态图像和动态图像,分别为JPG格式和GIF格式。横幅的图像是由用户通过图形设计软件,例如Photoshop等,另行制作而成,然后添加到网络课程中。添加横幅的操作步骤如下:

　　(1) 单击"控制面板"中"课程选项"功能区的"课程设计",进入"课程设计"界面,如图2-20所示。

　　(2) 在"课程设计"中单击"课程横幅",进入"课程横幅"界面,如图2-25所示。

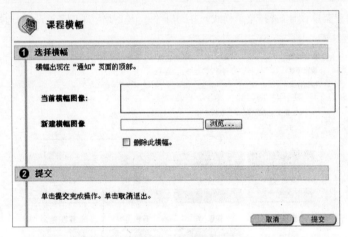

图2-25　课程横幅

　　若课程已有横幅,横幅图像将在"当前横幅图像"显示;若没有,则为空白。

　　(3) 添加横幅图像。单击"新建横幅图像"右边的"浏览"按钮,打开已经制作好的横幅图像,然后单击"提交"按钮即可。

　　(4) 删除横幅图像。如要删除已有的横幅,勾选"删除此横幅"复选框,单击"提交"按钮即可。

2.4　课程内容区设计

　　网络教学平台中组织课程内容与计算机中的"我的电脑"类似,其中"文件夹"的概念是一样的,而其他内容就像各种不同类型的文件。教师可以利用文件夹把相似的教学内容进行分类,例如按章节或按素材类型来对教学内容分门别类。

　　在创建文件夹前,教师必须明确课程内容的规划,并注意文件夹不宜嵌套过多,以免学习者经过多次单击后方可进入学习页面。

2.4.1　课程内容的表现及形式

课程内容是教师实施教学、学生开展学习的核心。课程内容的呈现既要完整、有序，又要兼顾网络教学的特点。课程内容是构建课程知识结构的主要载体，在设计网络课程的课程内容时，应注意不同内容类型的表现方法及形式。

课程内容区用于组织、管理所有的课程内容材料。教师在网络课程中可以建立多个内容区，用于存放不同模块的内容。与每个内容区的链接构成了课程左边的树形目录。默认情况下，课程创建后系统会自动创建一些特定的内容区，教师可根据实际需要进行增删。

教师可将不同类型的内容添加到课程内容区，常见的内容类型如表 2-1 所示。

表 2-1　常见的内容类型

内容类型	描　　述
文件夹	文件夹对于组织和结构化内容区是非常有用的，教师可以为不同类别的课程内容创建不同的文件夹。教师可向文件夹中添加内容和子文件夹
项目	项目是指添加到课程中的一些通用内容，教师可以创建项目来分别存放课程内容
课程链接	用于链接课程内的其他项目，可链接至"课程结构图"中显示的所有项目，建立起相关知识点间的关联
学习单元	包含结构化路径的一组内容，以在多个项目中循序渐进。教师可允许学生以非线性的方式访问学习单元中的内容，也可以强制学生按特定顺序逐步完成该学习单元
作业	允许教师布置作业，学生提交完成作业后，会在成绩中心自动生成作业项，教师在成绩中心中可查看到学生的作业
课程提纲	使教师执行一系列步骤来建立课程提纲的内容项

2.4.2　课程内容的添加

在本节中，以添加项目为例，在内容区中添加一个"三种链接的异同点"的项目，具体操作步骤如下：

（1）进入"控制面板"。

（2）在"内容区"中单击项目的名称。

（3）从图 2-26 所示的界面中可见，增加了一行工具栏。其中"文件夹"图标用于在内容区中添加文件夹，本例单击"项目"按钮。

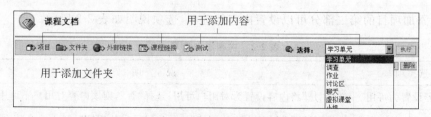

图 2-26　添加课程内容

（4）进入添加项目界面后，输入该项目的名称，如图 2-27 中的"三种链接的异同点"（必填），并可设置名称的颜色、在内容编辑区输入文字、插入各种附件及公式，还可添加附件，并设置该项目的可用性和显示、截止时间。单击"提交"按钮完成操作，如图 2-28 所示。

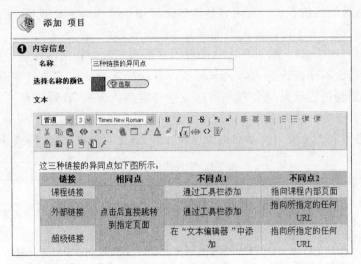

图 2-27   编辑课程内容

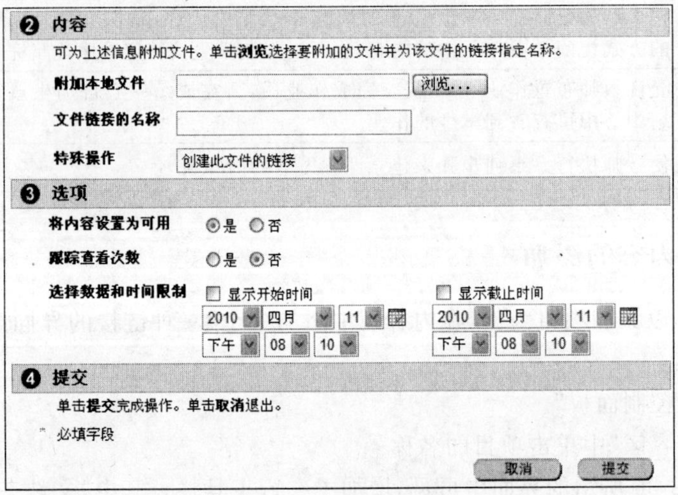

图 2-28   内容添加选项说明

在添加项目的第二部分可以设置内容的选项，选项说明如表 2-2 所示。

表 2-2   内容添加选项说明

选 项	说 明
将内容设置为可用	选择"是"将内容设置为对用户可用；选择"否"，则该内容对用户不可用
跟踪查看次数	选择"是"可跟踪该内容使用情况，并生成项目使用情况和活动情况的报告
选择日期限制	选择显示内容的日期范围，该内容将在限定的日期内对用户可见

技巧

1. 处理 HTML 源代码

编辑器实质上就是一个即见即所得的 HTML 代码生成器。当通过编辑器编辑课程内容时，系统将实时生成相应的代码。

可以通过单击编辑器中的按钮，切换到 HTML 源模式，通过此操作可以对刚才编辑的内容通过 HTML 代码进行调整；直接粘贴网页编辑软件编辑好的源代码，获得更丰富的显示效果；有时候在编辑器内清除文字，但其格式并不能真正清除，影响后续输入文字的格式，这时可以通过进入 HTML 源模式将所有代码清除掉。

2. 显示视图和编辑视图

在内容区，屏幕右上角有个按钮，如下图所示。

(TECH02) › 初识平台 › 通用操作	编辑视图
(TECH02) › 初识平台 › 通用操作	显示视图

通过单击这个按钮，就会在显示视图和编辑视图之间切换，这两个视图的含义如下。

显示视图：在此状态下，只能看课程的内容，不能修改。当把一些内容设置为"不可用"时，此状态下不显示其内容。可以通过此视图，从学生的角度预览显示效果。

编辑视图：在此状态下，不但可以看课程的内容，还可以进行修改。此视图下，将显示课程的所有内容，包括可用和不可用内容。

直接单击这个按钮，即可进入当前浏览的内容区进行编辑、查看，而不需要通过控制面板层进入了。

（5）完成提交后，出现如图 2-29 所示的界面，还可以通过下三角按钮调整显示顺序。

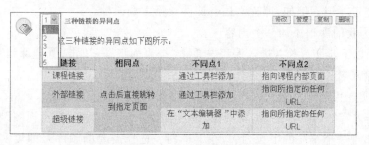

图 2-29 设置显示顺序

学习小贴士

1. 关于上传文件的文件名

在 Windows 系统下，理论上文件名可以包括英文、数字、中文、符号等，除了几个特定的字符外，几乎其他所有能从键盘输入的符号、文字等都可以作为文件名。

对于网络教学平台而言，对中文的文件名支持得不是很好，上传的文件如果是以中文命名或包含中文,都有可能出错,所以所有上传到平台上的文件最好是以英文、数字、符号等来命名,不要包含中文。

2.关于文件的大小

在平台上,不论是上传文件、下载文件,还是打开文件,都涉及文件在网络上传输的问题。由于文件在网络上传输的速度远远低于在本地计算机打开的速度,因此,必须注意上传或下载的文件大小。

上传的文件如果过大,往往会造成超时的错误;下载或打开的文件过大,用户需要等待过长的时间,严重影响教学的进度。

此外,网络教学平台通常会给每门课程设定一个空间的最大值,以及限制单个上传文件的最大值,当超过此数值时将不能上传。

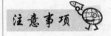

重新上传修改的附件

当对上传到 Blackboard 平台的附件进行修改,删去原来的附件并重新上传时,可能发现上传后系统并不会改动,究其原因,是上传的附件与原附件使用相同的文件名,只要修改新上传的文件名即可。

2.5 常见问题及解答

1. 课程文件夹的深度为几层比较合适?

答:课程的文件夹结构不宜太复杂,访问一个项目需要的操作越少越好,一般来说深度最好不要超过 3 层。例如,课程文档→课件→第 1 章课件。

2. 如何为我的课程添加一个内容区?

答:按照以下步骤操作:进入课程→单击"控制面板"→单击"管理课程菜单"→单击"内容区"→输入名称→单击"提交"按钮→单击"确定"按钮。

3. 如何实现快速调整课程内容的排列顺序?

答:单击内容区右上角的"编辑视图"按钮,内容区将切换到"编辑视图"状态,此时每项内容前均出现一个排序的下拉列表,在下拉列表选择需要的顺序号即可实现课程内容重新排列顺序。

4. 横幅应该多大比较合适?

答:横幅的大小没有严格规定,应以美观、显示比例适当为原则。一般情况下,横幅为长方形图片,建议不超过内容区的 1/3 高度,宽度以略小于内容区为宜。例如,若显示分辨率为 1024×768,则横幅的像素建议为 800×150 左右。

5. 有的时候,课程里的已有内容暂时不想让学生看到,该怎么操作?

答:这涉及"可用性"问题,在 Blackboard 平台中,我们可以设置课程内容的"可用性"。操作方法如下:单击内容区右上角的"编辑视图"按钮,内容区将切换到"编辑视图"

状态,此时每项内容后面均出现一个"修改"按钮,单击"修改"按钮,然后找到"将内容设置为可用"这个选项,选择"是"或"否",课程内容就被设置为"可用"或"不可用",设置为"不可用"的内容在内容区就不会显示了。

6. 如何给网络教学平台中上传的文件命名?

答:在 Windows 系统下,理论上文件名可以包括英文、数字、中文、符号等,除了几个特定的字符外,几乎其他所有能从键盘输入的符号、文字等都可以作为文件名。但是,就网络教学平台而言,对中文的文件名支持得不是很好,上传的文件如果是以中文命名或包含中文,都有可能出错,所以所有上传到平台上的文件最好是以英文、数字、符号等来命名,不要包含中文。

小　　结

本章介绍了网络课程的基本架构组成与设计方法,使学习者对网络课程有一个初步的整体认识。课程架构的整体规划与设计,体现了课程设计者的教学思路与理念,对课程学习者有很好的引导作用。课程建设者在课程建设开始应对架构有总体的规划,也可以在建设过程中不断修改完善。

第3章 Chapter

课程教学资源创建

教学资源是网络课程的重要组成部分,丰富的教学资源是教学质量的保证。本章主要介绍如何在网络课程中创建教学资源,包括教学文档的处理、多媒体资源的处理和创建网络资源等几部分。

学习重点

1. 了解教学资源的分类。
2. 熟悉教学文档的创建。
3. 熟悉多媒体资源的处理技巧。
4. 熟悉互联网上的资源。

主要任务

1. 文档的处理与上传。
2. 多媒体资源的创建。
3. 使用网络资源。

在确定了网络课程的框架和课程内容的组织形式后,下一步就要开始添加具体的教学文件了。在这里引入"教学资源"这个概念,教学资源是教师为教学的有效开展而提供的所有素材。网络课程里的教学资源主要分为教学文档、辅助资源、网络资源三部分。

教学资源的内容丰富,有展示教学内容的电子教材,有教师授课使用的教案和课件、教学演示、学生作品等;教学资源的形式多样,有普通的 Office 文档、图片素材、音视频文件、动画短片等。如何才能在网络课程中创建这些教学资源,如何获得最佳的展示效果呢? 这些将在这一章进行介绍。

3.1 教学文档的创建

名词解释

教学文档:教学文档是指文档格式保存的教学资源。教学文档是最基础的教学资源,也是最常见的教学资源,包括教学大纲、授课计划、教案和课件等,是一门课程必不可少的组成部分。

和传统的教学不同,在网络教学中,把这些文档以电子版的形式放在网上供学生浏览学习。教学文档主要的文件类型为文本文件、Word 文档、Excel 文档、PowerPoint 文档和网页文档。为了方便学生在线学习,这些文档通常选用直接打开的表现方式。这种方式简单直观,兼容性强,但是要求上传的文件必须是网页文档,其他文档,如 Word、PowerPoint、Excel 等,必须先转换成网页文档再上传。下面将逐一介绍如何创建这些文档。

1. 网页文档的创建

因为教学需要,可能希望将一些网页形式的教学文件、网页编辑软件生成的一系列网页文件、屏幕录像生成的网页文件、Word 转换生成的网页文件等展现给学生。在网络教学平台丰富多彩的课程展现形式中,只支持显示网页文件这一种方式。

名词解释

入口:网页文件通常由一系列文件构成,包括多个图片、htm 文档等,最先被单击的作为整个网页引导性的 htm/html 文档,称为入口。

网页文档的创建步骤如下:

(1) 选择需要上传到课程的完整网页文档,右击,选择"发送到"→"压缩文件夹"命令,或使用压缩软件,生成 ZIP 压缩包,如图 3-1 所示。

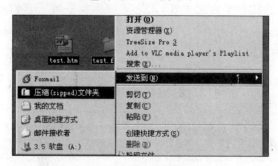

图 3-1　压缩网页文件

(2) 向平台添加内容时(项目、文件夹等均可),在第 2 项内容中,单击"浏览"按钮选择上一步生成的 ZIP 文件,在"文件链接的名称"中输入示例"此为测试",在"特殊操作"中选择"解压此文件",再单击"提交"按钮,系统将自动上传 ZIP 文件并解压,如图 3-2 所示。

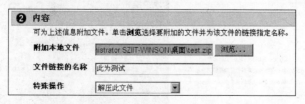

图 3-2　上传网页文件压缩包

（3）在下一个界面中，选择网页的"入口"，并选择是否"在新窗口中启动"，如图 3-3 所示。

图 3-3　选择网页文件入口

单击"提交"按钮后，即可生成带网页文档的课程内容，链接名称为"此为测试"，如图 3-4 所示。

图 3-4　上传网页文档效果

2．常见文档的创建思路

由于使用网页文件具有平台无关性，无论何种操作系统、何种浏览器，都可以无障碍浏览，打开速度比较快，且可防止轻易拷贝。因此，建议将各种 Office 文档转换为网页的形式，然后根据上述网页文档的上传方法上传到平台上来。

3．PowerPoint 文档的创建

（1）生成网页文件

打开 PowerPoint 文档后，选择"文件"→"另存为"命令，如图 3-5 所示。

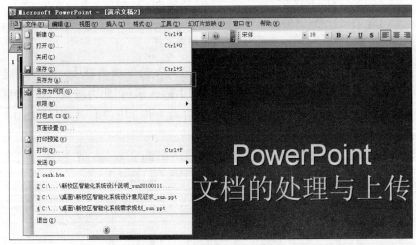

图 3-5　PPT 另存为网页

在弹出的对话框中,设置"保存类型"为"网页(＊. htm；＊. html)",保存的"文件名"为英文或数字(例如 PowerPoint. htm),一般情况下保存结果会有 PowerPoint. htm 文件和 PowerPoint. files 文件夹(当文档中存在图片时会出现文件夹,否则只有 PowerPoint. htm 文件),如图 3-6 所示。

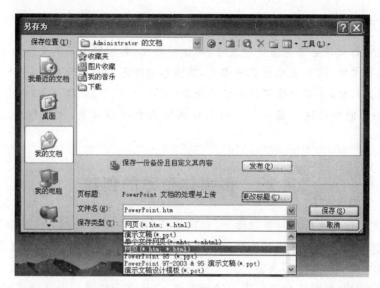

图 3-6　选择网页格式

（2）上传网页文件

如本节所述,使用压缩软件,把以上文件和文件夹压缩为一个英文名的文件(压缩格式选择 ZIP,例如 PowerPoint. zip);把压缩文件通过附加本地文件的形式上传到平台,特殊操作选择"解压此文件";"入口"选择为第一步"另存为"操作时保存的文件名(例如 PowerPoint. htm)。

4. Word 文档的创建

（1）生成网页文件

打开 Word 文档后,选择"文件"→"另存为"命令,设置"保存类型"为"网页(＊. htm；＊. html)",保存的"文件名"为英文或数字(例如 word. htm),一般情况下保存结果会有 word. htm 文件和 word. files 文件夹(当文档中存在图片时会出现文件夹,否则只有 word. htm 文件)。

（2）上传网页文件

与本节中上传网页操作相同。

5. Excel 文档的处理与上传

（1）生成网页文件

打开 Excel 文档后,选择"文件"→"另存为"命令,设置"保存类型"为"网页(＊. htm；＊. html)",保存的"文件名"为英文或数字(例如 excel. htm),一般情况下保存结果会有 excel. htm 文件和 excel. files 文件夹(当文档中存在图片时会出现文件夹,否则只有

excel.htm 文件)。

(2) 上传网页文件

与本节中上传网页操作相同。

学习小贴士 ✅

网页文件的文件名请勿使用中文名,可使用英文、数字等为网页文件命名。

压缩网页文件时,请压缩为 ZIP 格式,其他格式并不能被平台解压。

当转换文档时,一些特殊字符和格式类型(例如上标、下标、脚注等)将会丢失,因为 HTML 编码不能处理这些格式。一些多媒体信息也将会丢失,例如视频文件和音频文件。

3.2　多媒体资源的创建

辅助资源是课堂教学的补充和强化,是网络课程的重要组成部分。辅助资源中包含大量的多媒体资源。多媒体资源包括图片素材、音频资源、视频资源和其他非文本资源,对于丰富教学方法、提高学习兴趣起到重要的作用。随着现代教育技术的发展,多媒体资源使用越来越普遍,已经不仅仅局限于辅助资源,在许多网络课程中已经使用多媒体资源进行教学演示、课堂讲解,一定程度上替代了传统的课件。本节我们将学习如何在网络课程中创建多媒体资源。

在向网络教学平台中添加多媒体资源时,需注意以下几个方面。

(1) 多媒体资源往往体积比较大,这就要求我们先对素材进行甄别,判断是否适合网络传播,若不适合则需进行转换,例如调整分辨率、采样频率等。

(2) 添加多媒体资源时,需考虑该媒体格式的通用性,以免存在不能打开的情况。

(3) 尽量使用通用的媒体格式,如果不是通用格式,必须先进行格式转换。

3.2.1　图像资源的处理和创建

首先,请先留意上传图像的格式,若不是动画,推荐使用 JPG 格式,其压缩率比较高。动画则推荐 GIF 格式并注意调整图像的颜色数量、帧数、文件大小,BMP 格式系统也是支持的。

其次,需要设置图像宽度与高度,建议不要超过 640×480,以常用分辨率(1024×768)观看而不需左右调整滚动条为宜。

上传图像的效果如图 3-7 所示。

上传图像有以下两种方法。

方法一:在文本编辑界面中,单击"附加图像"按钮,如图 3-8 所示。

单击"浏览"按钮选择图像文件,还可设置图像显示的宽度和高度,以及是否在新窗口中启动,如图 3-9 所示。

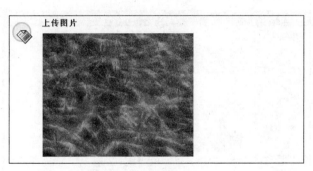

图 3-7　上传图像文件效果

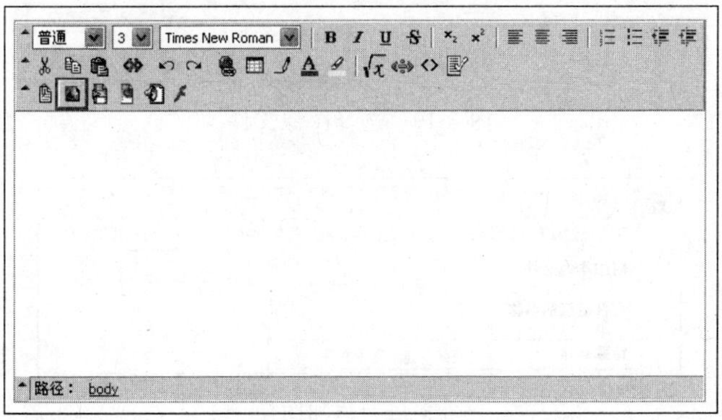

图 3-8　附加图像

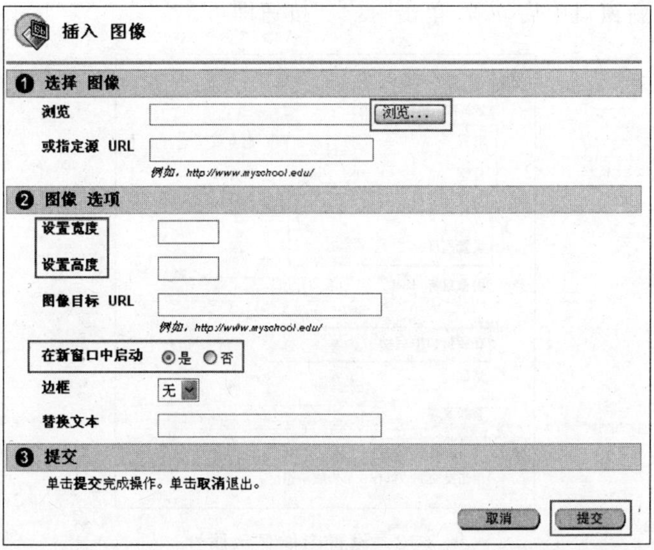

插入 图像

❶ 选择 图像

浏览　　　　　　　　　　　　　　　浏览…

或指定源 URL

例如，http://www.myschool.edu/

❷ 图像 选项

设置宽度

设置高度

图像目标 URL

例如，http://www.myschool.edu/

在新窗口中启动　⦿是 ○否

边框　　无

替换文本

❸ 提交

单击提交完成操作。单击取消退出。

取消　　提交

图 3-9　设置图像显示属性

方法二：添加课程内容时，在内容区域单击"浏览"按钮，选择图像文件，如图 3-10 所示。注意，"特殊操作"下拉列表框，需要选择"在页面中显示媒体文件"，如图 3-11 所示。

选择文件
查找范围(I): WINDOWS
我最近的文档
桌面
我的文档
我的电脑
网上邻居
Coffee Bean.bmp
FeatherTexture.bmp
Gone Fishing.bmp
Greenstone.bmp
Prairie Win
dron.bmp
尺寸: 256 x 256
类型: BMP 图像
大小: 64.4 KB
文件名(N): *.bmp
文件类型(T): 所有文件(*.*)
打开(O)
取消

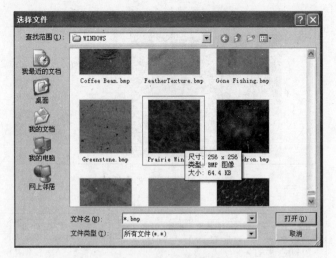

图 3-10 选择图像文件

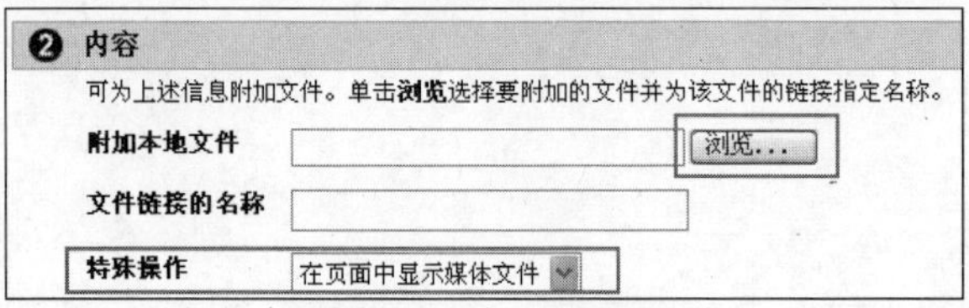
② 内容
可为上述信息附加文件。单击浏览选择要附加的文件并为该文件的链接指定名称。
附加本地文件
浏览...
文件链接的名称
特殊操作
在页面中显示媒体文件

图 3-11 添加图像

单击"提交"按钮后，将弹出如图 3-12 所示的界面，可以设置对齐方式、图像显示宽度、高度、是否在新窗口中启动等，单击"提交"按钮即可。

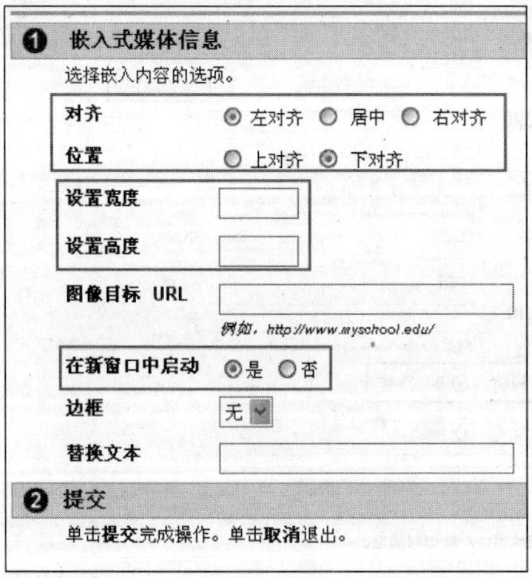
① 嵌入式媒体信息
选择嵌入内容的选项。
对齐
左对齐 居中 右对齐
位置
上对齐 下对齐
设置宽度
设置高度
图像目标 URL
例如，http://www.myschool.edu/
在新窗口中启动
是 否
边框
无
替换文本
② 提交
单击提交完成操作。单击取消退出。

图 3-12 设置图像显示属性

3.2.2 音频资源的处理和创建

课程之后听一段音乐作品愉悦心情，或者是练习一下外语听力，都是不错的选择。同样,音频文件也有多种格式,在此强烈推荐使用 MP3 格式,压缩率达到 10％。音频文件的大小不宜过大,若需要调整文件大小,可对位速、采样率等参数进行适当调整。

图 3-13 为上传音频后的示例,音频播放控件会因操作系统的不同而有不同的显示,单击右三角播放按钮  即可播放音频。

图 3-13　添加音频文件效果

上传音频有以下两种方法。

方法一:在文本编辑界面中单击"添加音频内容"按钮,如图 3-14 所示。

图 3-14　添加音频文件

单击"浏览"按钮选择音频文件,还可设置音乐是否自动启动、循环播放,控件是否最小化等内容,最后单击"提交"按钮即可,如图 3-15 所示。

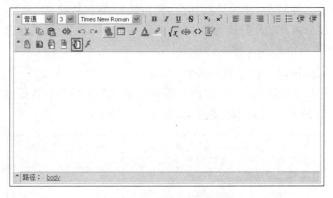

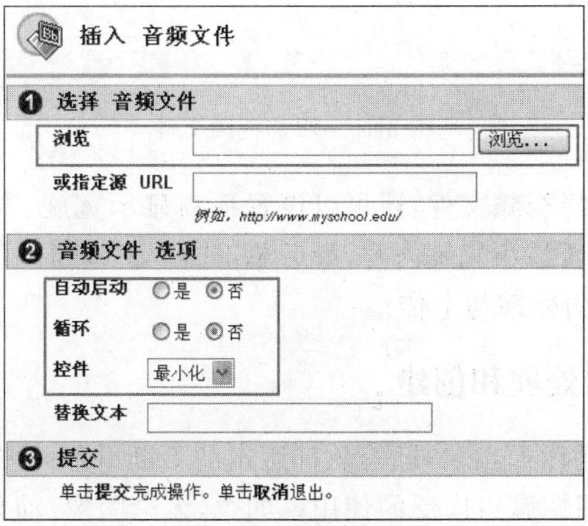

图 3-15　设置音频属性

方法二:类似图像的处理与上传。

3.2.3　视频资源的处理和创建

添加视频对于提高学生的感官认知、活跃网络课堂均起到重要的作用,目前视频文件的格式多种多样,系统支持的 3 种视频文件格式对比如表 3-1 所示。

表 3-1　3 种视频文件格式对比

项　目	MPG	WMV	AVI
通用性	在所有操作系统下均通用	在 Windows 平台下均通用	需安装插件后在所有平台下通用
压缩率	较小	较大	较大
进度条	可随时拖动	下载完成后方可拖动	下载完成后方可拖动

基于通用性的考虑，不推荐使用 AVI 格式。若在乎能否即时拖动进度条，可选择 MPG 格式；若希望文件较小，加快传播速度，则可选择 WMV 格式。

对于视频文件分辨率，人们认为在网络上传播，320×240 已满足要求，建议不超过 640×480，码流 200～400Kbps 较为合适。

以上效果可以采用以下两种方法实现。

方法一：在文本编辑界面中，先在内容编辑区输入"以下是平台播放视频的例子："，然后单击"添加 MPEG/AVI 内容"按钮，如图 3-16 所示。

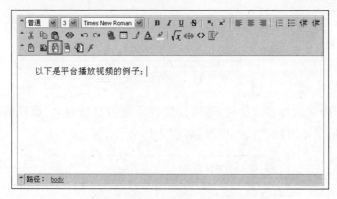

图 3-16　添加视频文件

单击"浏览"按钮选择视频文件，还可以设置视频显示宽度、高度，设置视频是否自动启动、循环播放，控件是否最小化等内容，最后单击"提交"按钮即可，如图 3-17 所示。

方法二：类似图像的处理与上传。

3.2.4　Flash 资源的处理和创建

Flash 曾经以制作动画而出名，随着软件版本的不断升级，现在已成为一个海纳百川的载体，以其优越的通用性赢得广泛的使用。如今，无论图像、动画、音频、视频、互动等均被纳入这个平台；Word、PowerPoint、视频、音频、屏幕录像等均可方便地转换为 Flash，并且根本不需要担心在别的计算机上不能浏览，因为无论是 Windows 还是 Linux 操作系统，无论是 IE 还是 Firefox 浏览器，均可无障碍地访问。

上传 Flash 文件有以下两种方法。

方法一：在文本编辑界面中单击"添加 Flash/Shockwave 内容"按钮，如图 3-18 所示。

单击"浏览"按钮选择 Flash 文件，还可以设置 Flash 显示宽度、高度，设置是否自动启动、循环播放，以及显示质量等内容，最后单击"提交"按钮即可，如图 3-19 所示。

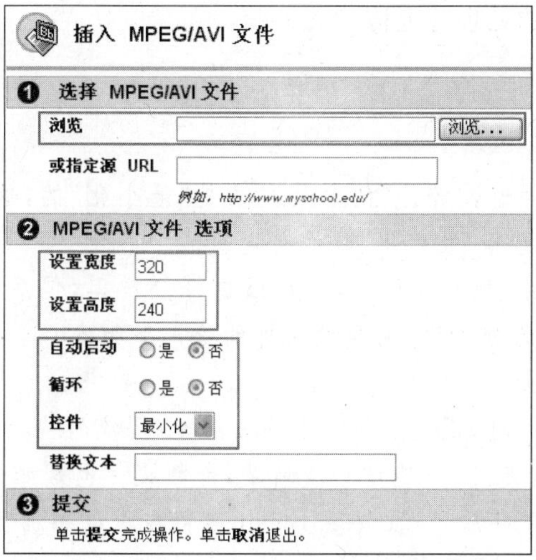

图 3-17　设置视频属性

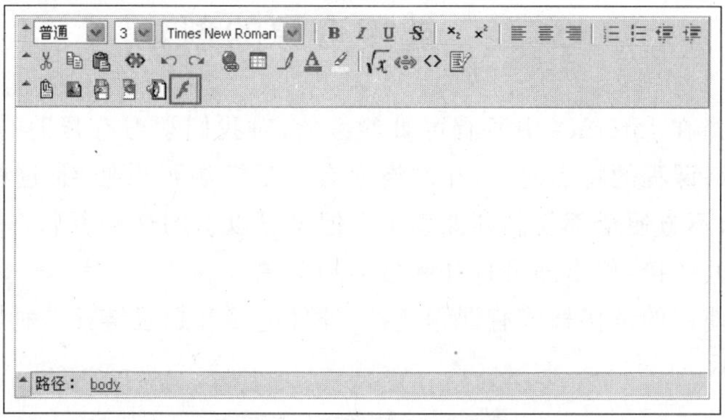

图 3-18　添加 Flash 文件

图 3-19　设置 Flash 文件属性

方法二：类似图像的处理与上传。

1. 在添加视频文件时，"控件"的参数默认是"最小化"的，这将导致页面中的视频文件没有进度条，可以选择"最大化"显示进度条。

2. 虽然在添加图片、视频文件时，均可以选择分辨率，但最好事先调整好，如添加视频时只需 320×240 的分辨率，而视频文件的分辨率为 640×480，显然白白降低了传输速度，浪费了存储空间。

3. 当转换视频文件时，视频文件输出的分辨率、码流不应大于源文件，这只会平白增加文件大小降低传输速度，不能增加清晰度，音频文件也是如此。

4. 当添加 Flash 文件后，往往发现 Flash 停留在进度条而不能启动，此时，只要修改参数"自动启动"为"是"即可解决。

3.3 链接资源的创建

网络资源是指在 Internet 中所有可供参考的、对我们学习有帮助的素材。提供丰富的网络资源是网络课程的特点之一，在网络上有大量资源可供使用，这些资源体积庞大，还涉及版权问题，不方便全部复制到课程中。但是可以引用这些资源，只需在课程中添加一个指向该资源的链接，单击即可打开网络上的资源。

平台中可以使用的链接格式有课程链接、外部链接和超级链接 3 种，这 3 种链接的异同点如表 3-2 所示。

表 3-2　3 种链接的异同点

链 接	相 同 点	不同点 1	不同点 2
课程链接	单击后直接跳转到指定页面	通过工具栏添加	指向课程内部页面，引用课程内部的资源
外部链接		通过工具栏添加	指向所指定的任何 URL
超级链接		在"文本编辑器"中添加	指向所指定的任何 URL

1. 课程链接

课程链接是平台提供的工具之一，当使用课程内部已有的资源时，可添加一个课程链接来访问该资源。教师能根据教案的安排，自由地跳转到课件、作业、听力等资源，可以应用于自主学习、缩短目录长度等方面，如图 3-20 所示。

课程链接示例：通知公告
本链接指向本课程的通知公告，单击标题即可跳转。

图 3-20　课程链接

创建课程链接的方法如下：

（1）在编辑界面中，单击工具栏中的"课程链接"按钮，如图 3-21 所示。

（2）在弹出的"课程链接"界面中单击"浏览"按钮，如图 3-22 所示。

（3）在弹出的课程结构图中，展开结构图，单击要链接的目的位置。注意，可单击"⊞"展开课程结构树，如图 3-23 所示。

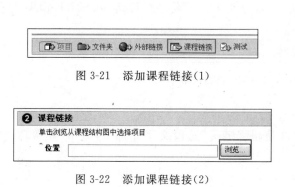

图 3-21　添加课程链接（1）

图 3-22　添加课程链接（2）

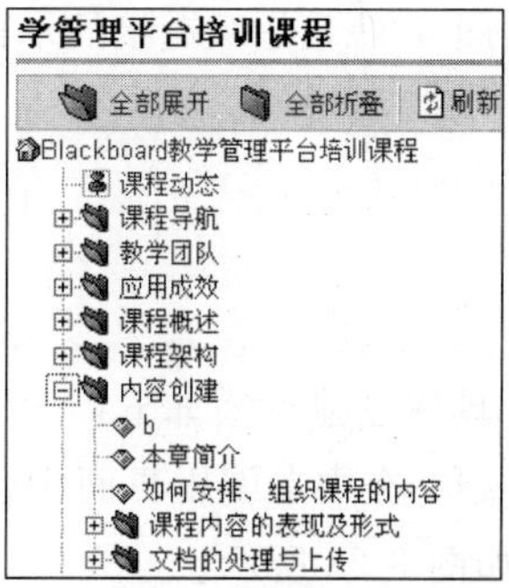

图 3-23　选择链接指向

（4）返回原界面后，单击"提交"按钮即可。

2. 外部链接

外部链接也是平台提供的工具之一，外部链接能方便地跳转到网络上的任意站点，当然也包括本门课程的任何页面，如图 3-24 所示。

图 3-24　外部链接

创建外部链接的方法如下：

（1）在编辑界面中，单击工具栏中的"外部链接"按钮，如图 3-25 所示。

图 3-25　添加外部链接

（2）填写外部链接的"名称"，并在 URL 文本框中填入相关协议指向的网络地址，如图 3-26 所示。相关协议可以是 HTTP、FTP 等。

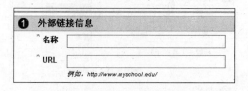

图 3-26　填写外部链接信息

（3）可以在文本编辑界面中填入描述性文字，单击"提交"按钮即可。

3．超级链接

超级链接类似于外部链接，其区别是：超级链接是嵌入到课程内容中的，外部链接则是一个单独的项目。在编辑课程内容时，在文本编辑界面中单击相应按钮设定，可以为图像、文字设置链接，指引学生链接到相关的内容。

图 3-27 是超级链接的示例，单击"这是超级链接"后将会跳转到 BB.SZIIT.EDU.CN。

图 3-27　超级链接示例

具体创建方法如下：

（1）在文本编辑界面中，输入"这是超级链接"这段文字并选中，单击"超级链接"按钮，如图 3-28 所示。

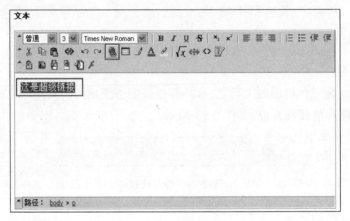

图 3-28　添加超级链接

（2）在弹出的"插入链接"界面中，类型框选择超级链接的协议类型，如 HTTP、FTP等，这里选择 HTTP。URL 文本框中输入超级链接的地址 BB.SZIIT.EDU.CN，单击"提交"按钮即可，如图 3-29 所示。

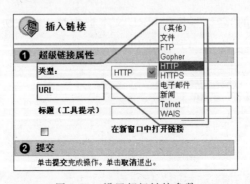

图 3-29　设置超级链接参数

3.4　常见问题及解答

1. PPT 课件转换成网页出现错位。

答：请使用同样版本的 PowerPoint 进行编辑和转换。例如，如果是使用 PowerPoint 2000 进行编辑的，那么同样在 PowerPoint 2000 下转换成网页再压缩，不要在 PowerPoint 2002 或者 PowerPoint 2003 等其他版本下转换成网页。

2. PPT 课件转换成网页出现网页错误。

答：高版本下编辑，再到低版本下转换成网页会出现网页错误提示。例如，在 PowerPoint 2003 下编辑，再到 PowerPoint 2000 下转换成网页，就会出现网页错误。解决方法：使用同样版本的 PowerPoint 进行编辑和转换或者升级 PowerPoint 2000 到 PowerPoint 2003。

3. 将 PPT、Word 文件另存为网页文件后，压缩上传时找不到网页的入口，或者发现打算作为入口的文件名称为乱码。

答：原因有两种，一种是在另存为网页文件时，使用了中文的名字；另一种是生成压缩文件时使用了中文名称。用英文字母和数字命名文件可以解决此问题。

4. 我的 PPT 课件中有音频文件和视频文件，传到平台后，就不能播放了。

答：在 PPT 中添加文件时，使用相对路径，并将视频文件一起打包上传。

5. 为什么我的媒体文件上传后不能播放？

答：一般是由视频格式造成的，Blackboard 教学平台支持 AVI、WMV、MPEG 等多种视频格式，但是不支持 RM、RMVB 等格式，建议将视频文件转换为 WMV 格式，具体情况参见 3.2.3 小节视频资源的处理和创建。

6. 为什么我上传的文件播放时没有进度条？如何显示进度条？

答：在添加视频文件时，"控件"的参数默认选择"最小化"选项，这将导致页面中的视频文件没有进度条。可以选择"最大化"选项显示进度条。

7. 上传的视频文件是不是分辨率越高越好？

答：不是，在网络中播放视频，分辨率越高，占用的网络带宽就越大，如果网速不够高，视频会出现停顿，尤其是许多人同时观看一个视频时，会对服务器和网络造成很大的负荷。在网络上传播，分辨率为 320×240 已满足要求，建议不超过 640×480，码流 200～400Kbps 较为合适。

8. 为什么我添加 Flash 文件后，Flash 停留在进度条而没有播放？

答：添加 Flash 文件后，默认是手动单击才会播放的，如果想在打开页面时就启动播放，只要将"自动启动"选项选择为"是"即可解决。

9. 为什么我添加的超链接总是显示"找不到该页面"？

答：在编辑界面中单击工具栏中的"外部链接"按钮，输入名称和 URL，即可在课程内容区内生成此链接。此方法能方便地跳转到网络上的任意站点。注意以下两点。

(1) URL 文本框中必须输入完整的网址，包括"http://"。

(2) URL 必须正确，开头和中间不得有空格。

10. 我单击了课程中的"外部链接"按钮后,跳转到新页面,无法返回平台,怎么办?

答: 可以使用浏览器的"后退"按钮,因此建议创建外部链接时,选择"在新窗口中打开"。

11. 为什么添加压缩的网页文档时,未进入选择网页的入口界面,直接结束添加过程且添加不成功?

答: 发生此情况可能有以下两种原因。

(1) 打包上传的压缩文件不是 ZIP 格式。

(2) 在"特殊操作"中未选择"解压此文件"。

小　　结

本章由浅入深地介绍了网络课程内容的添加,重点讲述了常用教学文档的创建以及多媒体资源的创建,最后讲解了通过链接使用网络资源和 3 种链接的区别及创建步骤。

第 4 章 Chapter

作业测试与调查

测试管理是交互式网络课程实施测评与考核的基础,本章主要介绍以题库为中心生成试卷和添加作业的方法。

学习重点

1. 了解几种常见题型的特点及适用范围。
2. 掌握题库的创建及添加试题的方法。
3. 掌握利用题库生成试卷的方法。
4. 掌握发布试卷的方法。
5. 掌握添加作业的方法。

主要任务

1. 创建题库。
2. 添加试题。
3. 测试的生成与发布。
4. 测试的修改。
5. 作业的生成。

题库是收集、保存、重复利用试题的工具,教师利用题库添加试题,从题库中抽取试题组成试卷,还可以通过导入功能将其他课程的试题添加到课程中。

在 Blackboard 教学管理平台中,试题存放在题库中,可通过测试管理器从题库中抽取试题形成试卷,试题可以重复利用,实现"一次添加,多次使用"。练习、试卷和考试等都是通过创建题库→添加试题→ 形成测试→发布测试这几个步骤实现的,如图 4-1 所示。

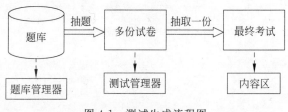

图 4-1　测试生成流程图

利用 Blackboard 平台的"测试"模块进行试题的建设、管理可以减轻教师工作量,起到事半功倍的效果。

<h1>4.1　题库建设</h1>

在 Blackboard 教学管理平台中的"控制面板"的"测验"模块中,分别有题库管理器、测试管理器和调查管理器,为了更好地建设题库、使用 Blackboard 的测试功能,首先应区分这几个管理器的异同,其分类如表 4-1 所示。

表 4-1　测试及调查功能分类表

题库管理器	根据某种规则分类创建题库,题库可包含多种题型,在题库中添加试题,且题库中的试题可以重复利用
测试管理器	利用测试管理器从题库中抽取试题从而生成试卷、测试,将试卷、测试添加至内容区,将其设置为可用,学生即可进行测试,并且结果会记录在成绩簿中
调查管理器	类似测试管理器,可利用调查管理器问卷,并添加至内容区,将其设置为可用,结果会记录在成绩簿中

创建一个题库,可以进行以下操作。

(1) 单击"控制面板"的"测验"模块中的"题库管理器",在弹出的"题库管理器"界面中单击"添加题库"按钮,如图 4-2 所示。

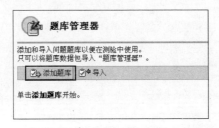

图 4-2　添加题库

(2) 在弹出的"题库信息"界面中为题库添加名称、描述和说明等题库信息,如图 4-3 所示。

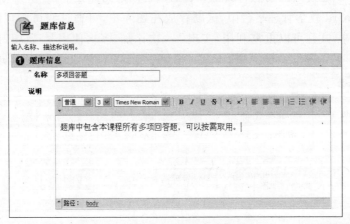

图 4-3　添加题库信息

题库信息中,名称为必选项,题库描述和说明为可选项。为了规范创建题库,建议为题库输入简短描述和说明。

（3）单击"提交"按钮,完成操作。

4.2　添加试题

4.2.1　题型分析

Blackboard 8.0 提供 17 种试题类型供选用,每种题型都有其特点及适用范围。在教学中常用的试题类型有多项选择题、多项回答题、判断正误题、填空题、多项填空题、文件回应题、简答题和论述题等,下面对这几种常用的试题类型进行特点与适用性分析,学完本节就可以轻松地选择试题类型、设计试卷了。

1. 选择类题型

Blackboard 中常用的选择类题型有多项选择题、多项回答。需要注意的是Blackboard 中的多项回答题就是通常所说的多项选择题,多项选择题就是通常所说的单项选择题,如表 4-2 所示。

表 4-2　选择类题型对比分析

项　目	多项选择题	多项回答题
正确答案数量	1 个	多个
答案选项的最大数目	20 个	20 个
适用范围	允许用户选择唯一的答案	允许用户选择多个答案

2. 填空类题型

Blackboard 中常用的填空类题型有多项填空题、填空题。填空类题型对比分析如表 4-3 所示。填空类题型的答案不区分大小写。为了更好地使用填空类题型,创建填空题及其答案时,需考虑以下几点提示。

（1）提供允许常见拼写错误的答案。

（2）提供允许缩写或部分答案的答案。

（3）创建向学生提示最佳答问方式的问题。

表 4-3　填空类题型对比分析

项　目	填空题	多项填空题
正确答案数量	1 个	多个
正确答案的设置	如果答案可能多于一个词,则应列出所有可能性作为答案	每个空都应定义单独的答案集
适用范围	此种类型的填空题只有 1 个要求回应的空	此种类型的填空题有多个要求回应的空

3. 文件回应题

日常教学中经常要求学生提交设计方案文档、程序和图片等形式的作品,通过文件回应题可满足上述要求。回答文件回应题时,学生可从本地计算机上传文档、压缩包、图片等文件作为问题的答案。

4. 简答题和论述题

简答题和论述题要求教师向学生提供一个问题或一段描述,学生根据问题或描述将答案输入文本框中,这两类问题必须设置为手动评分。

简答题和论述可添加示例答案供用户或评分者参考,简答题允许教师限定答案长度。

5. 匹配题

让学生将一列中的项目与另一列中的项目配对。教师可以在匹配题中设置包含不同数量的问题和答案。

6. 排序题

排序题要求学生通过选择一组项目的正确排列顺序来提供答案。例如,教师可以为学生提供一个历史事件列表,并要求学生将这些事件按年代顺序排列。

4.2.2 添加试题

Blackboard 教学平台的题库功能强大,不仅能添加全文字的常规试题,也能添加含有数学公式、专业符号、媒体材料的特殊试题。下面详细介绍添加试题的操作方法。

1. 常规试题添加

题干或答案全是文字的常规试题添加方法比较简单,下面以多项回答题为例演示添加常规试题的方法。

(1) 从"添加"下拉列表框中选择添加试题的类型,然后单击"执行"按钮添加问题,如图 4-4 所示。

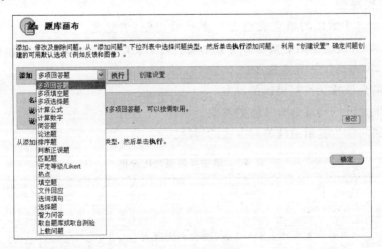

图 4-4 添加试题

(2) 添加问题文本,如图 4-5 所示。

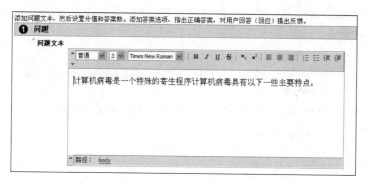

图 4-5　添加问题文本

（3）设置答案选项，如图 4-6 所示。

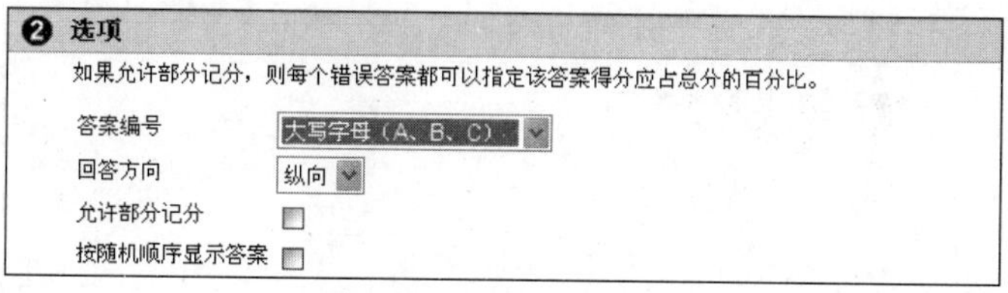

图 4-6　设置答案选项

在答案选项设置部分可设置答案编号、回答方向、允许部分记分和按随机顺序显示答案，一般需要设置的是答案编号和按随机顺序显示答案两项。

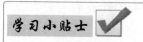

按随机顺序显示答案

按随机顺序显示答案可以实现不同用户进行测试时，同一题目各答案出现的顺序不一样。试题设置此功能后，当学生在计算机机房集中进行在线考试时，可以减少学生间的相互抄袭。

（4）设置各答案内容，如图 4-7 所示。

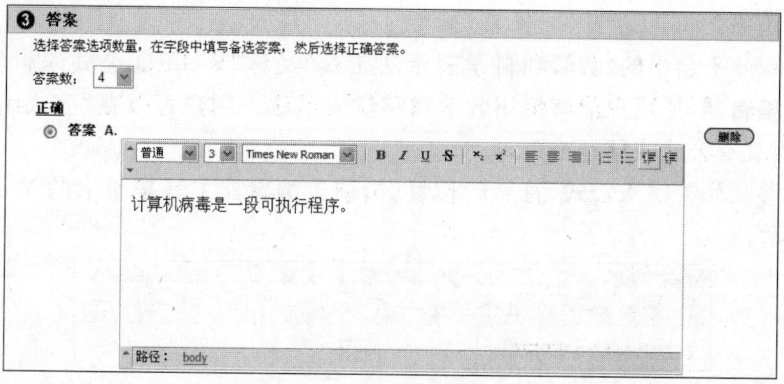

图 4-7　设置各答案内容

（5）添加试题反馈信息。当学生做完试题后，系统会自动判断正误，并显示试题反馈信息，如图 4-8 所示。

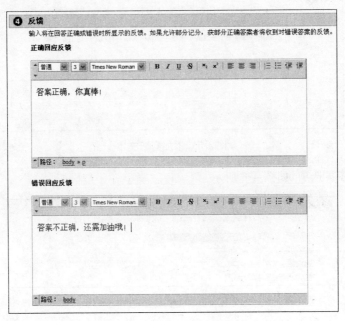

图 4-8　添加试题反馈信息

（6）单击"提交"按钮，完成试题创建。

对于常规试题，还可以采用批上传的方法，一次上传多道试题，具体方法可参考网络培训课程中的操作演示。

2. 特殊试题添加

题干或答案中有数学公式、专业符号、图像等的试题称为特殊试题，下面详细介绍特殊试题的添加方法。

（1）含有数学公式的试题添加方法

含有数学公式的试题有两种添加方法，一种是从 Word 或其他编辑器中将数学公式复制到试题中；另一种是利用 Blackboard 平台的"数学和科学表示法工具"直接将公式、符号加入试题中。

Blackboard 平台中的"数学和科学表示法工具"又称"WebEQ 公式编辑器"，是一种通用的公式编辑器，使用户能够使用数学和科学表示法。用户可以在"公式编辑器"内添加公式、编辑现有公式或移动公式。

在光标移动到要输入公式、符号的位置时，单击编辑器工具按钮中的 WebEQ 按钮，如图 4-9 所示。

图 4-9　试题文本编辑窗口

弹出 WebEQ 公式编辑器，在 WebEQ 公式编辑器窗口中可自定义公式名称、公式字号大小、公式宽度和高度，如图 4-10 所示。

图 4-10　WebEQ 公式编辑器窗口

输入公式后，单击"确定"按钮回到问题文本编辑窗口，继续试题添加，图 4-11 为公式输入效果。

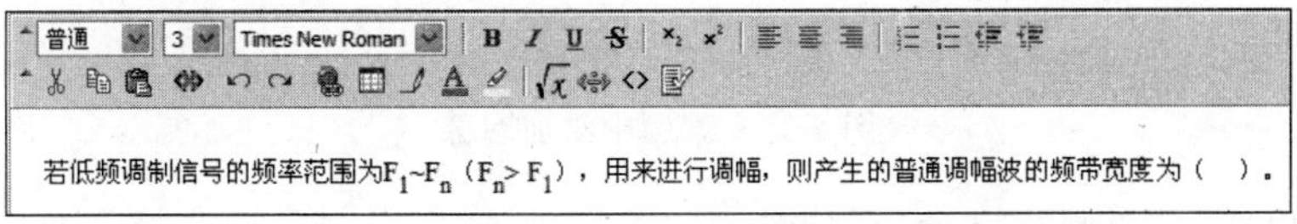

若低频调制信号的频率范围为 $F_1 \sim F_n$（$F_n > F_1$），用来进行调幅，则产生的普通调幅波的频带宽度为（　　）。

图 4-11　公式输入效果

（2）含有图像的试题添加方法

通过控制面板进入题库管理器，在"题库画布"界面中单击"创建设置"按钮，如图 4-12 所示，弹出"题库创建设置"界面，根据需要勾选"图像、文件及外部链接"的两个选项，如图 4-13 所示。

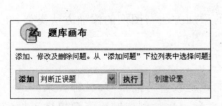

图 4-12　题库画布编辑界面

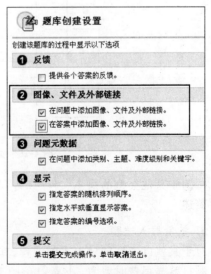

图 4-13　题库创建设置

题库设置好以后，单击"提交"按钮完成操作，返回"题库画布"界面，在"添加"下拉列表框中选择试题类型，单击"执行"按钮开始添加试题，在"问题文本"区域输入问题文本，通过单击"浏览"按钮选择要上传添加的图像，在"操作"下拉列表框中选择"显示页面中的图像",则上传的图像会直接显示在页面中,选择"创建此媒体文件的链接",则上传的图像需要通过单击超链接才能显示出来,如图 4-14 所示。

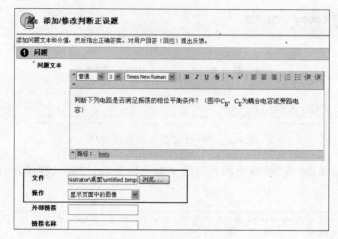

图 4-14   试题中添加图像

设置好以后,单击"提交"按钮,结果如图 4-15 所示。

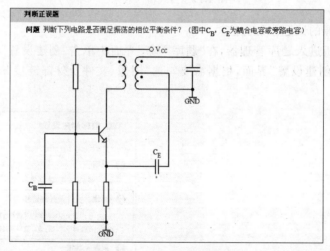

图 4-15   试题中添加图像效果

试题中其他类型的媒体文件(如音频、视频)的添加方法与图像的添加方法类似,在此不再赘述。

3. 批量导入试题

对于某些以考证辅导为主的课程,其题库中的试题数量可能很多,教师如果一道一道输入题目就显得费时费力。Blackboard 教学管理平台为教师创建题库资源提供了批量导入试题的功能,教师可先在本地 Excel 中输入试题,保存成 Unicode 文本格式,再在"题库管理器"中导入即可。下面介绍几种常用题型的批量导入方法。

(1)多项选择题的批量导入方法

① 多项选择题批量导入的格式:MC Tab 题目文本 Tab 答案— Tab correct Tab 答

案二 Tab incorrect ...（其中"Tab"为制表符）。多项选择题即多个答案选项，正确答案只有一个。在正确的选项后面标上 correct，不正确的选项后面标上 incorrect。答案选项不能超过 20 个。

② 多项选择题批量导入的例子，在 Excel 表格中输入如图 4-16 所示的内容。

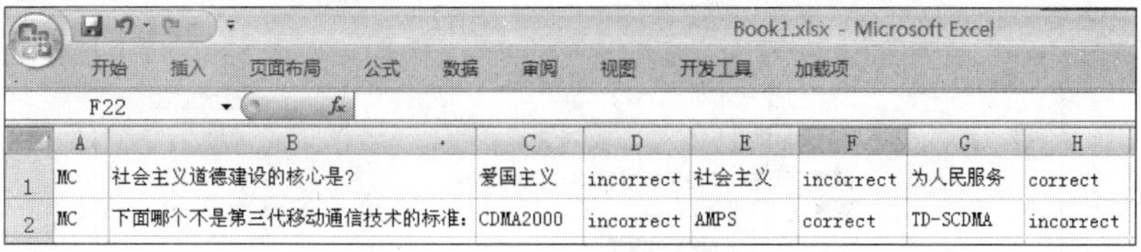

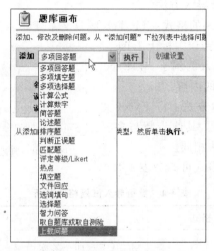

图 4-16　多项选择题批量输入 Excel

③ 批量导入题库中的方法：将 Excel 文档保存成 Unicode 文本格式，再回到控制面板，打开"题库管理器"界面，进入已有题库（或新建一个题库），选择"上载问题"选项，如图 4-17 所示。

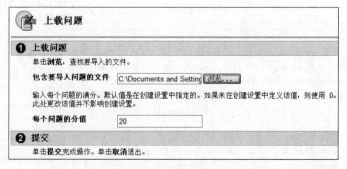

图 4-17　选择"上载问题"选项

上载上一步保存的 Unicode 文本格式的文件，并给试题赋予分值，如图 4-18 所示。

图 4-18　批量上载试题

单击"提交"按钮，完成试题添加。可通过单击试题后面的"修改"按钮对试题进行修改，如图 4-19 所示。

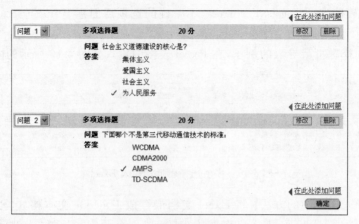

图 4-19　批量试题上载成功

（2）判断正误题的批量导入方法

① 判断正误题批量导入的格式：TF Tab 题目文本 Tab true（或 false）。如果答案为"正确"，标上 true；如果为"错误"，标上 false。

② 判断正误题批量导入的例子，在 Excel 表格中输入如图 4-20 所示的内容。

③ 批量导入题库中的方法：将 Excel 文档保存成 Unicode 文本格式，其他步骤与多项选择题的批量导入操作方法相同。

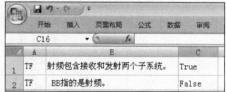

图 4-20　判断正误题批量输入 Excel

其他类型试题的输入格式可参考表 4-4。

表 4-4　批量导入试题格式分析

题　型	批量导入格式	示　例	备　注
多项选择题	MC Tab 题目文本 Tab 答案一 Tab correct Tab 答案二 Tab incorrect …	MC 从下列四个答案中挑选一个正确答案答案 A correct 答案 B incorrect 答案 C incorrect 答案 D incorrect	多项选择题即多个答案选项，正确答案只有 1 个。在正确的选项后面标上 correct，不正确的选项后面标上 incorrect。答案选项不能超过 20 个
多项回答题	MA Tab 题目文本 Tab 答案一 Tab correct Tab 答案二 Tab correct …	MA 从下列四个答案中挑选正确答案答案 A correct 答案 B correct 答案 C incorrect 答案 D incorrect	多项回答题即多个答案选项，正确答案不止 1 个。在正确的选项后面标上 correct，不正确的选项后面标上 incorrect。答案选项不能超过 20 个
判断正误题	TF Tab 题目文本 Tab true（或 false）	TF 本题正确还是错误？true	如果正确答案为"正确"，标上 true；如果为"错误"，标上 false

续表

题　型	批量导入格式	示　例	备　注
填空题	FIB Tab 题目文本 Tab 答案一 Tab 答案二…	FIB 把正确答案填入空格 可能的正确答案一 可能的正确答案二	可能的正确答案可以超过 1 个,但不能超过 20 个
多项填空题	FIB_PLUS Tab 题目文本 Tab 变量 1 Tab 变量 1 的可能答案 1 Tab 变量 1 的可能答案 2 Tab Tab 变量 2 Tab 变量 2 的可能答案	FIB_PLUS 填以下三个空 [1][2][3] A 第一个空的答案 B 第二个空的答案 C 第三个空的答案	每个需要填的空白及其答案,与下一个需要填的空白及其答案之间,需要以两个 Tab 符号分隔
论述题	ESS Tab 题目文本 Tab 参考答案	ESS 就淮河污染问题发表意见 我认为淮河的污染很严重,我们应该大力治理	参考答案为可选项,可以留空
排序题	ORD Tab 题目文本 Tab 答案一 Tab 答案二…	ORD 把以下 3 个答案按照正确的顺序排列起来 答案 A 答案 B 答案 C	在上载文件里按照正确的顺序排列答案,上载成功后系统将自动把答案的顺序经过打乱后再呈现给考试者
匹配题	MAT Tab 题目文本 Tab 答案一 Tab 匹配一 Tab 答案二 Tab 匹配二…	MAT 把以下三个答案按照正确的对应关系和另外一栏匹配起来 答案 A 匹配 A 答案 B 匹配 B 答案 C 匹配 C	在上载文件里按照正确的对应关系排列答案,上载成功后系统将自动把匹配关系经过打乱后再呈现给考试者
简答题	SR Tab 题目文本 Tab 参考答案	SR 回答这个问题 这是参考答案	"参考答案"为可选项,可以留空

4.2.3　题库管理

1. 向现有"题库"中增加试题

（1）通过控制面板进入题库管理器,单击准备向其中添加试题的题库对应的"修改"按钮,如图 4-21 所示。

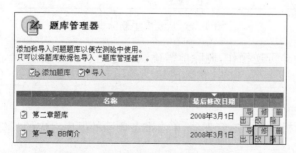

图 4-21　选择题库对应的"修改"按钮

（2）后续操作步骤与"添加试题"相同。

2．删除题库中的试题

因教学内容更新、教材更换等原因，题库中部分试题已不符合课程要求，需要从课程中删除。下面介绍从题库中删除试题的方法。

（1）通过控制面板进入题库管理器，单击准备删除试题的题库对应的"删除"按钮，如图 4-22 所示。

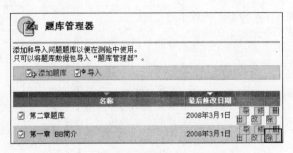

图 4-22　选择题库对应的"删除"按钮

（2）进入题库，单击想去除的试题后面对应的"删除"按钮后，出现试题删除确认对话框，单击"确定"按钮，试题即被删除，如图 4-23 所示。

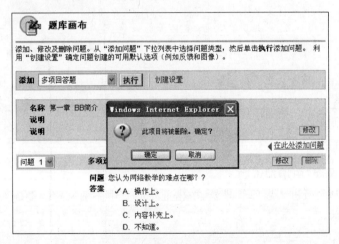

图 4-23　从题库中删除试题

（3）试题删除为非可逆操作，删除前需确认试题是否正在被使用，正在被使用的试题不能删除。

3．删除题库

（1）通过控制面板进入题库管理器，单击准备删除的题库对应的"删除"按钮，如图 4-24 所示。

（2）单击"删除"按钮，弹出题库删除确认框，单击"确定"按钮即可删除题库，如图 4-25 所示。

（3）题库删除为非可逆操作，删除前需确认题库中的试题是否正在被使用，包含正在被使用试题的题库不能删除。

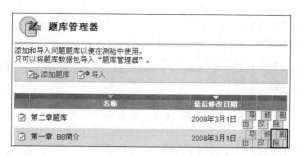

图 4-24　删除题库

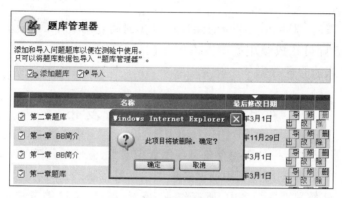

图 4-25　题库删除确认

4.2.4　添加调查

教师可以利用调查管理器生成并发布调查问卷,用于教学数据统计或者掌握学生对课程的满意度情况。

添加调查问卷的步骤如下:

(1) 单击"控制面板"中的"调查管理器",如图 4-26 所示。

(2) 单击"添加调查"按钮,在弹出的对话框中输入调查的名称与必要的说明,如调查的内容、规定完成时间等,如图 4-27 所示。

图 4-26　调查管理器

图 4-27　添加调查内容

调查问卷的题型以选择题和简答题为主,添加调查问卷的方法与题库中试题的添加方法一样。此时生成的调查对学生还不可用。

(3) 单击"控制面板"中添加调查的相应栏目,进入编辑视图界面,选择右侧下拉列表框中的"调查",单击"执行"按钮,如图 4-28 所示。

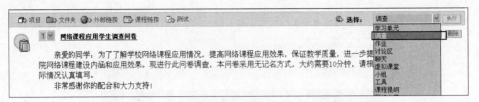

图 4-28　添加调查

（4）选择要发布的调查，方法同测试的生成。

（5）在"修改调查"选项中，将此调查的可用性设置为可用，如图 4-29 所示。

图 4-29　设置调查可用性

完成上述步骤后，学生可在相应的课程栏目找到调查问卷并及时填写，教师可在成绩中心中查看学生的回答情况，具体方法同测试成绩的查看。

4.3　测试的生成与发布

建好的题库只是作为一种资源存放在题库管理器中，方便教师随时提取，若要利用这些资源对学生进行考核，则需要利用测试管理生成并发布测试。

在 Blackboard 教学管理平台中，所有作业、练习、测试、考试等考核学生学习情况的方式，都是通过创建题库→形成测试→发布测试这 3 个步骤实现的，如图 4-1 所示。

4.3.1　测试的生成

教师利用测试管理器将题库资源形成测试的操作步骤如下所述。

（1）单击"控制面板"中的"测试管理器"，在弹出的"测试管理器"界面中单击"添加测试"按钮，如图 4-30 所示。

图 4-30　添加测试

（2）在弹出的"测试信息"界面中输入测试名称及必要的说明，如测试的考查范围、要求的时间限制等，如图 4-31 所示。

（3）例如输入测试名称为"期中考试"，单击"确定"按钮后会弹出如图 4-32 所示的界面，单击"修改"按钮进入"测试画布"界面。

（4）此时的测试还是"有名无实"，教师还需要将题目添加到测试中。选择添加题目的目标文件夹，如图 4-33 所示。

（5）选取目标文件夹中的一个或多个测试，如图 4-34 所示。

（6）根据问题类型搜索题目并设定每道题目的分值，如图 4-35 所示。

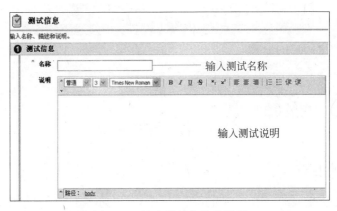

图 4-31 输入测试名称及说明

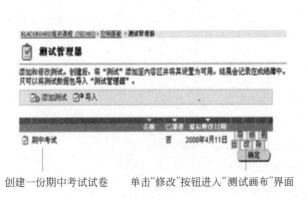

图 4-32 修改测试

图 4-33 抽取题目

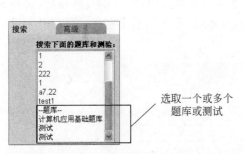

图 4-34 选取试题

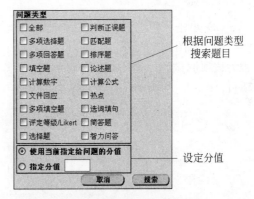

图 4-35 搜索题目并设定分值

（7）选择需要提交的测试题目，在其对应的复选框中打钩，如图 4-36 所示。

（8）预览测试，确认无误后，单击"提交"按钮，一份测试就成功生成。

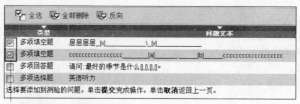

选择需要添加的试题

图 4-36   选择需要添加的试题

4.3.2   测试的发布

按照上述方法生成的测试是不可用的,即对于学生不可见,教师在"测试管理器"中也可以看到,这些测试的"已部署"项显示为"否"。教师必须发布测试,学生才可以看到这些测试并完成。发布测试的操作步骤如下:

(1)在"控制面板"的内容区选择或创建一个专门放置测试的栏目,单击"添加测试"按钮,如图 4-37 所示,在下拉列表框中选择刚刚生成的测试,单击"提交"按钮。可以看到,此时该项测试前的图标为灰色,测试名称下面显示"项目不可用"。

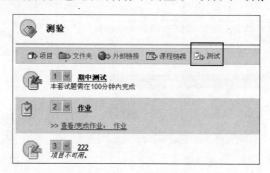

图 4-37   添加测试项

(2)单击该项测试右方的"修改"按钮,选择"修改测试选项",进入编辑界面。

(3)如图 4-38 所示,在"测试可用性"中将链接设置为可用,并根据实际需要,选择是否为该项测试添加通知;是否允许学生多次尝试修改,以及是否需要密码才能打开测试等项目。

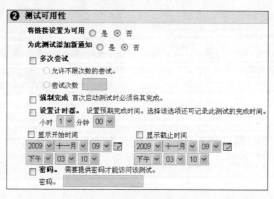

图 4-38   测试可用性设置

（4）在"自我评估选项"中选择该项测试成绩在成绩中心中是否可见，如图 4-39 所示。

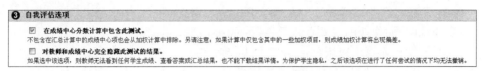

图 4-39　自我评估选项设置

（5）在"测试反馈"中选择学生可以看到的反馈内容，如图 4-40 所示。

（6）最后在"测试显示"中选择测试显示的形式，如图 4-41 所示。

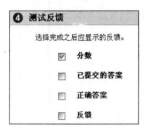

图 4-40　测试反馈设置

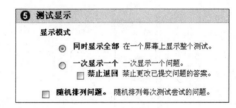

图 4-41　测试显示设置

4.4　测试的修改

已经发布的测试在后期还可以进行修改、删除等操作，以方便教师根据教学情况及时改进测试内容；还可以利用导出、导入功能，将建好的测试导出到本地存档或者将以前存档的测试轻松导入。

在"控制面板"的内容区选择需要修改的测试项，单击"修改"按钮，在"修改测试"中修改测试中的试题内容和分值，在"修改测试选项"中修改测试的属性，如可用性、是否为测试添加通知、是否允许学生多次尝试修改等。

单击"管理"按钮，修改测试的适应性发行、复查状态、统计跟踪等属性。

在测试管理器中，同样可以对测试的其他属性进行修改，单击"修改"按钮，可以修改测试中的试题内容和分值，单击"删除"按钮，可以删除不需要的测试项。单击"导出"按钮，选择保存路径，该项测试的内容会以压缩包的形式保存在本地以做备份。同样，通过"导入"按钮，可以将之前保存在本地的测试上传到测试管理器当中，节省了教师重新生成测试的时间。

4.5　作业的生成

教师除了可以利用测试管理器，以测试的形式发布作业之外，还可以利用 Blackboard 教学管理平台特有的作业功能发布作业，这种作业适用于论述型题目，需要学生提交文档或程序，教师提供的题目中也可以包含附件，而且在批改时通常需要下载学生的作业才能评阅。作业的生成步骤如下：

（1）在需要添加作业的内容区右侧的下拉列表框选择"作业"选项，单击"执行"按钮，如图4-42所示。

（2）在弹出的作业编辑界面输入作业的名称、分值以及必要的说明，如作业的具体要求、完成时间等信息，也可将说明或者作业要求以附件的形式上传；将作业设置为可用，并根据实际情况选择是否需要跟踪学生的查看次数以及完成作业的日期限制，如图4-43所示。

如此便可完成一次作业的布置。已经发布的作业还可以进行修改、管理和删除，操作同测试管理。

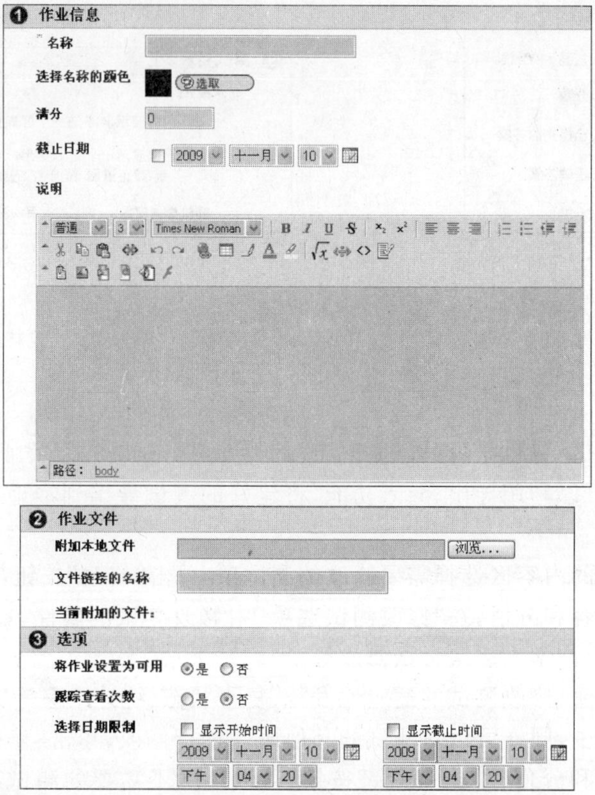

图 4-42　添加作业

图 4-43　作业内容设置

学生打开作业时，可以在注释区中输入问题的答案，也可以将答案以附件的形式上传，对于后者，教师必须下载浏览才可以评阅。

4.6　常见问题及解答

1. 可以直接在测试管理器中添加试题吗？

答：可以。但是为了方便教师管理试题资源，实现资源的重复利用，建议先在题库管理器中添加试题，再在测试管理器中调用资源。

2. 调用题库中的多项填空题时为什么总是出错？

答：多项填空题对于题干的格式要求比较严格，题干输入错误就无法调用。需要学生填空的部分必须用英文输入法下的[x]、[a]等表示才可以。

3. 已经发布的测试可以再次修改分值吗？

答：可以。但是之前如果已经有学生完成了测试，则修改分值以后学生的成绩不会自动更改，所以建议教师在发布测试之前就将各问题的分值确定。

4. 在生成测试时，系统可以随机抽取题目吗？

答：不可以。但是系统可以随机排列答案顺序。

5. 调查如何评分？

答：调查不用评分，在"成绩中心"中学生完成的调查问卷会以百分比的形式显示各项问题的答案。

小　　结

对学生的考核在教学环节中占有相当重要的作用，教师可以利用作业和测试考评学生的学习效果，对学生起到督促、提醒的作用；同时，教师还可以根据学生提交的答案来改进自己的教学方法和进度，使学生能够更好地接受教学内容。本章详细介绍了如何建设及管理题库，如何利用题库资源创建并管理测试，以及如何利用 Blackboard 特有的功能布置作业等考核学生的有效手段。

第 **5** 章
Chapter

交互教学实施

交互教学是课程实施的关键环节。本章以交互教学为核心，从交互教学的开课准备入手，先后介绍用户注册与管理、各种互动手段和交互教学设计。

学习重点

1. 了解课程开放、用户注册等开课准备工作。
2. 掌握讨论板、虚拟课堂、通知与消息、在线调查等各种互动手段的使用方法。
3. 交互教学设计的方法与策略。

主要任务

1. 了解课程可用性设置。
2. 理解用户注册与管理。
3. 掌握讨论板与虚拟课堂。
4. 掌握通知与消息使用方法。
5. 了解调查使用方法。
6. 掌握交互教学设计的方法与策略。

建构主义学习理论认为，知识不仅仅是通过教师传授得到的，而是学习者在一定的情境及社会文化背景下，借助其他人（包括教师和学习伙伴）的帮助，利用必要的学习资料，通过意义建构的方式得到的。因此在交互式网络课程中，学习者通过多种交互来完成学习过程，构建自己的知识。

完成网络课程内容建设后，需要利用 Blackboard 平台进行交互教学，将前期的教学计划付诸实施，实现教学目标，完成教学任务。具体的交互教学实施步骤、过程可参考图 5-1。

Blackboard 具有强大的教学交互功能，为师生同时提供了同步交互与异步交互。交互功能可吸引学习者的学习兴趣，激发和维持学习动机，引导学习指向，调节学习进程，控制学习深度。在实际教学实施过程中根据教学需要灵活选择、使用交互功能，可起到事半功倍的效果。

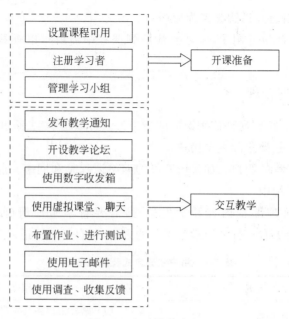

图 5-1 交互教学流程

5.1 开课准备

5.1.1 可用性设置

课程内容创建好以后,第一步就是设置课程为可用,让其可以被学习者访问、查看。课程可用性设置具体方法如下:

(1)单击课程首页左侧的"控制面板"。

(2)在"控制面板"的"课程选项"中选择"设置",如图 5-2 所示。

图 5-2 控制面板之课程选项界面

(3)进入"设置"界面,选择"课程可用性",如图 5-3 所示。

(4)进入"课程可用性"界面,选中"使课程可用"后的"是",如图 5-4 所示。

图 5-3 选择课程可用性

图 5-4 设置课程为可用

（5）单击"提交"按钮，课程设置为可用。

至此，课程就设置为可用了，学习者注册到课程中后就可以查看课程内容，开始学习了。

5.1.2 用户注册与管理

用户，可以理解成得到允许使用课程的所有人。可以是学生、同事以及其他所有得到允许的人，其中，学生是课程的主要用户。

同事也可以是课程的用户。如果所开设的网络课程是和同事一起来授课的，则需要把同事也加入这门课程中。

为了方便教师管理课程内容和学生学习，需要将学生注册到已建好的课程中。Blackboard 教学平台中有 3 种注册学生用户的方法，各自特点及适用范围如表 5-1 所示。

表 5-1　用户注册方式及适用范围

用户注册方式		适　用　范　围
自行注册		（1）课程用户多且用户名无规律 （2）向全校学生开放公共课程
教师/系统管理员注册	批用户注册	用户名具有一定的规律
	单用户注册	用户数量较少，且用户名无规律

下面详细介绍各种用户注册方式的操作方法。

1. 自行注册

"自行注册"功能允许教师设定注册条件（例如，注册日期、注册密码），再让学生自行注册到课程中。这种学生注册方式可以减轻教师注册用户的工作量，特别适合学生数量较多的课程。

具体操作方法如下：

（1）单击控制面板中课程选项中的"设置"，如图 5-5 所示。

（2）进入设置界面，单击"注册选项"。

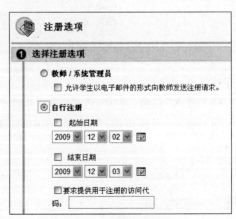

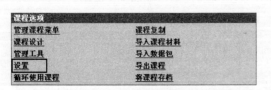

图 5-5　"课程选项"界面（1）　　　　图 5-6　"注册选项"界面（1）

（3）"自行注册"中起始日期与结束日期同时使用，学生可在这段时间内自行注册。"要求提供用于注册的访问代码"表示学生自行注册时需要输入课程的注册密码（此密码由教师设置后再告知学生），如图 5-6 所示。

注册日期选项表示允许学生自行注册的时间范围，可以和"要求提供用于注册的访问代码"同时使用。

（4）课程设置为自行注册后，学生登录 Blackboard 教学平台，搜索到该课程，单击"注册"按钮即可自行注册到课程中。

2．批用户注册

很多时候，参与网络课程学习的学生都是一个班级或一个年级的，学生的用户名或 ID 具有一定的规律，教师可以采用批用户注册的方式快速地将学生注册到网络课程中。例如将某班学生（用户名为 0802060202～0802060239）注册到指定课程中，操作方法如下：

使用批用户注册时，需先将课程选项中的注册选项设置为"教师/系统管理员"。

（1）单击控制面板中课程选项中的"设置"，如图 5-7 所示。

（2）进入设置界面，单击"注册选项"，在弹出的"注册选项"界面中选择"教师/系统管理员"，完成后单击"提交"按钮，如图 5-8 所示。

图 5-7　"课程选项"界面（2）

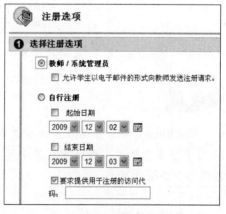

图 5-8　"注册选项"界面（2）

（3）单击控制面板中用户管理中的"注册用户"，进入"注册用户"界面。

（4）选择"搜索"选项卡，在"搜索"栏中输入搜索内容（本案例中学生学号前 8 位相同，即使用用户名或 ID 中相同的部分，如示例中的 08020602）后单击"搜索"按钮开始搜索，如图 5-9 所示。

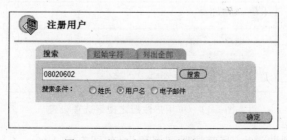

图 5-9　批用户注册之搜索用户

（5）搜索到用户名前 8 位为"08020602"的学生共有 33 位，与学生花名册核对无误后，将全部学生勾选，批注册到课程中，如图 5-10 所示。

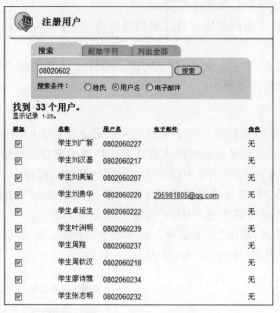

图 5-10　批用户注册

Blackboard 平台搜索出来的信息在一个页面上只能显示 20 个，如果搜索结果大于 20 时会分多页显示。教师需在第一页上选择要添加的用户并单击"提交"按钮，才可以继续添加后面的用户。

3. 单用户注册

单用户注册适用于课程中学生不多，且学号无规律的情况。在使用单用户注册之前，需先将课程选择中的注册选择设置为"教师/系统管理员"。

（1）进入"注册用户"界面，根据学生信息选择搜索条件。一般选择用户名搜索，如图 5-11 所示。

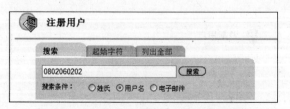

图 5-11　单用户注册之搜索选项设置

（2）选择搜索到的学生，将其注册到课程中，如图 5-12 所示。

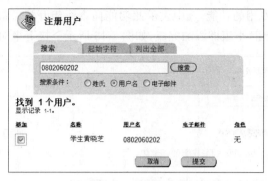

图 5-12　单用户注册

5.1.3　小组的添加与管理

网络教学中小组互动是常用的教学方法之一，注册与管理小组是实施小组互动教学的前提和基础。

1. 注册小组

（1）单击课程首页左侧的"控制面板"，单击"用户管理"中的"管理小组"，如图 5-13所示。

（2）进入"管理小组"界面，单击"添加小组"按钮，如图 5-14 所示。

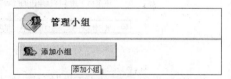

图 5-13　"用户管理"界面　　　　　　　　　图 5-14　添加小组

（3）输入小组名称、说明等信息，并设置小组选项，如图 5-15 所示。

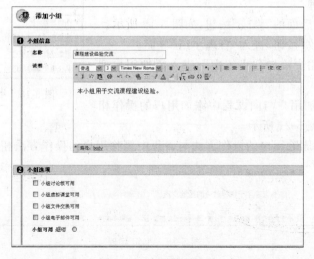

图 5-15　小组选项设置

小组选项为小组专用的功能,选中表示此功能向本小组开放。最后将"小组可用"设置为"是",单击"提交"按钮,小组即添加完成,如图 5-16 所示。接下来向小组中注册学生。

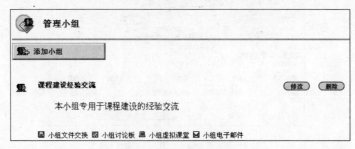

图 5-16   小组添加成功

2. 小组管理

小组管理包括小组属性管理和用户管理两大类。

（1）小组属性管理

① 小组属性主要包括小组名称、小组说明、小组选项和小组可用性。在小组属性管理界面可对上述属性进行设置和修改。

图中红色方框内即是已设置为可用的小组选项,如图 5-17 所示。

图 5-17   小组选项

② 单击小组后面的"修改"按钮,进入"管理小组"界面。

③ 单击"小组属性",进行小组属性设置,如图 5-18 所示。

（2）用户管理

① 单击小组后面的"修改"按钮,如图 5-19 所示。

② 单击"修改"按钮,进入"管理小组"界面。

③ 单击"将用户添加到小组中",进入添加用户到小组的界面。

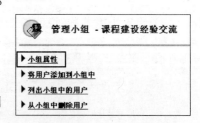

图 5-18   小组属性设置

向小组中添加用户与向课程中添加用户的操作相同,如图 5-20 和图 5-21 所示。

④ 从小组中删除用户的操作方法与课程中删除用户的操作方法相同。

图 5-19   小组管理

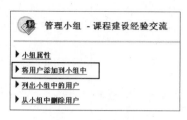

图 5-20　管理小组

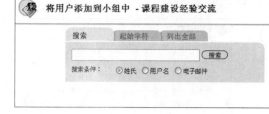

图 5-21　小组用户添加界面

5.2　互 动 手 段

5.2.1　讨论板

"讨论板"是张贴和回应发帖的交流媒介,为学习者间交互的开展提供了一个良好的平台,学习者可以利用它进行异步交流。学习者间的交流可以组织成论坛话题,每个话题都包括一个主帖和所有相关的回复,而且讨论板可以自动记录讨论内容和自由组织话题。

1．添加讨论区

（1）可以在"内容区"的各项目中添加"讨论区",通过在屏幕右上方的下拉列表框可以找到并执行,如图 5-22 所示。

（2）选择链接至"讨论板"界面或指定"讨论板"论坛,或创建新的"讨论板"论坛,如图 5-23 所示。

图 5-22　添加讨论区界面

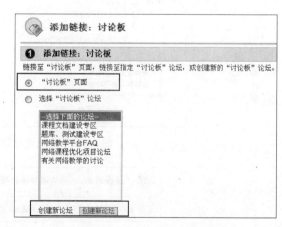

图 5-23　添加讨论板界面

（3）若创建新的"讨论板"论坛,则单击"创建新论坛"按钮,填写论坛信息,如图 5-24 所示。

（4）进行论坛设置（如果无特殊需要,采用默认设置即可）,如图 5-25 所示。

（5）单击"提交"按钮,完成设置。

2．添加话题

（1）进入讨论区,单击左上角的"话题"按钮,如图 5-26 所示。

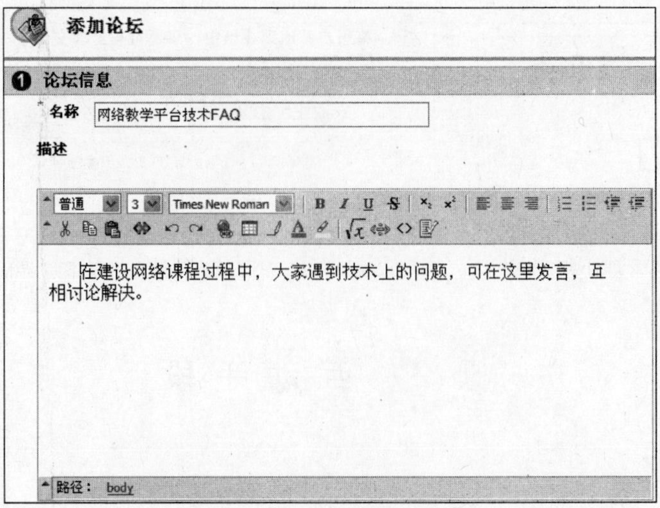

图 5-24　"论坛信息"界面

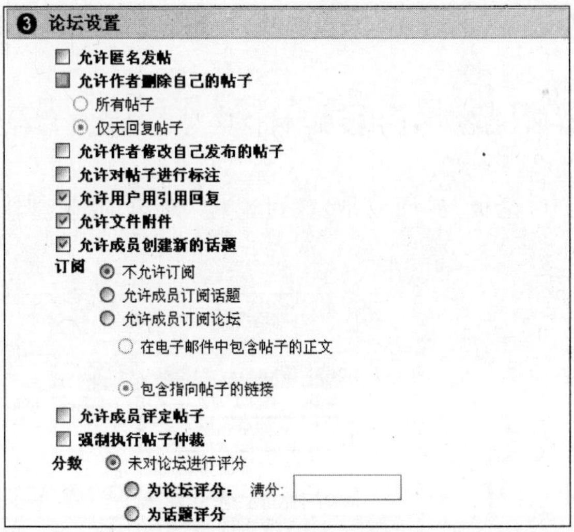

图 5-25　"论坛设置"界面

图 5-26　添加话题

（2）填写主题、内容，如果需要还可以添加附件，如图 5-27 所示。

（3）单击"保存"按钮存储草稿，或单击"提交"按钮发布话题，话题发布成功的界面如图 5-28 所示。

3. 回复帖子

（1）浏览论坛中的帖子，找到想要进行回复的帖子，单击"回复"按钮，如图 5-29 所示。

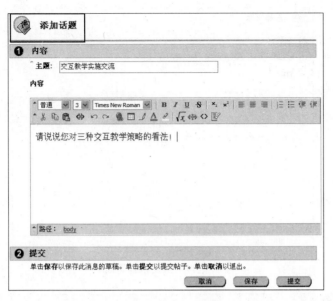

图 5-27　话题内容界面

图 5-28　话题发布成功

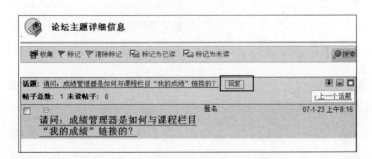

图 5-29　回复话题

（2）输入主题和内容，也可将文件附加到帖子，如图 5-30 所示。

（3）单击"保存"按钮存储帖子的草稿，或单击"提交"按钮发布帖子，如图 5-31 所示。

（4）帖子将显示在话题中的原始帖子之下。

4. 修改已发布的话题

（1）选择需要修改的话题。

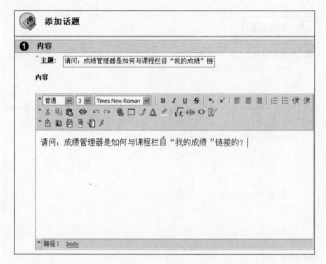

图 5-30　回复内容界面

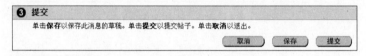

图 5-31　保存、提交界面

（2）在话题右上角单击"修改"按钮，如图 5-32 所示。

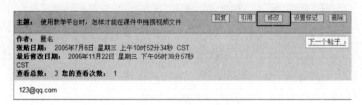

图 5-32　话题修改界面

（3）修改主题或内容，然后单击"提交"按钮。

5．修改话题状态

（1）勾选需要修改的话题前的复选框，如图 5-33 所示。

	日期	话题	作者	状态	未读帖子	帖子总数
☐	06-6-12上午 11:27	请问：成绩管理器是如何与课程栏目"我的成绩"链接的？	匿名	已发布	0	1
☑	05-7-6上午10:51	如何上传视频文件	匿名	已发布	1	1
☐	06-2-13上午3:14	麻烦…请讲述下"成绩查询"功能…	匿名	已发布	2	2
☐	05-7-6上午10:52	使用教学平台时，怎样才能在课件中链接视频文件	匿名	已发布	1	2

图 5-33　话题状态修改

（2）在屏幕右上方的"将状态更改为"下拉列表框中选择话题状态，如图 5-34 所示。

注意：该操作只能在"列表视图"界面下进行。

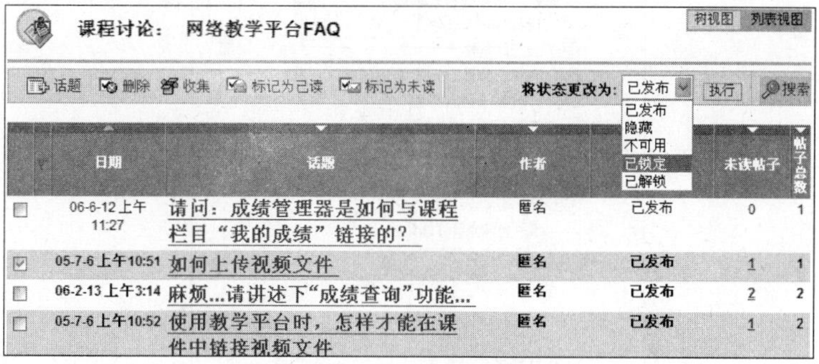

图 5-34　话题专题列表界面

表 5-2 列出了各种话题状态及含义。

表 5-2　话题状态一览表

状态名称	内　　容
已发布	帖子已经提交并在必要情况下已被主持人批准
隐藏	话题已被锁定且在默认情况下不可见
不可用	除论坛管理者之外，话题对所有用户隐藏且不可访问
已锁定	话题可以显示以供阅读但不可修改。用户不可以对锁定的话题发帖子
已解锁	已解除锁定，用户可对帖子进行修改

（3）单击"执行"按钮，状态显示为修改后的结果。

6. 对讨论板参与评分

在课堂设置中，学生经常被期望参与课程讨论，而且这种参与是评定成绩的一部分。讨论板参与评分可以对学生讨论的积极程度、讨论的效用度进行区分，从而实现对学生参与课堂讨论的评价。

评分选项可在创建论坛时予以启用，也可通过修改论坛进行启用。评分设置出现在"添加论坛"界面和"修改论坛"界面的底部。

（1）在"讨论板"上单击"修改"按钮来更改论坛的设置，如图 5-35 所示。

图 5-35　讨论板界面

（2）在"修改论坛"界面的底部设置评分项，如图 5-36 所示。

根据实际情况选择评分类型。

① 为论坛评分主要用来评估参与者在整个论坛中的表现。

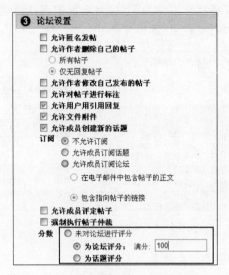

图 5-36　讨论板评分项设置界面

② 为话题评分主要用来评估参与者在每个话题中的表现。

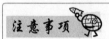

如果选择为话题评分，则用户将无法创建新的话题。

（3）单击"提交"按钮确认。

设置了讨论板评分的论坛，系统会添加评分选项，如图 5-37 所示。

图 5-37　讨论板评分项设置后的界面

5.2.2　聊天与虚拟课堂

聊天与虚拟课堂是网络教学的重要交互工具，两者在功能和使用方法上很相似。两种功能运行时都需要使用 Java Applet，用户可能需要下载一个最新的 Java 插件，以确保功能的正常使用，建议教师在课堂上使用这两种功能之前先打开验证一下。

1. 虚拟课堂

在"虚拟课堂"上，学生可以提问、在白板上绘图以及参与分组会话。教师可以控制学生用户访问"虚拟课堂"中的哪些工具。

下面从创建一个虚拟课堂开始，对虚拟课堂常用功能和工具进行介绍。

- 创建虚拟课堂
- 加入虚拟课堂
- 改变私人消息视图

- 设置主动用户和被动用户
- 发送私人消息
- 存档记录
- 课程结构图
- 提问
- 分组讨论
- 结束协作会话

（1）创建虚拟课堂

① 单击控制面板中课程工具中的"协作"按钮。

② 在弹出的"协作会话"界面中，单击"协作会话"按钮，如图 5-38 所示。

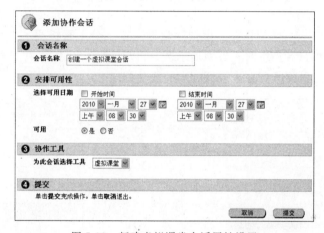

图 5-38　添加协作会话

③ 设置新添加会话的名称、可用性，将此会话的协作工具选择为"虚拟课堂"，如图 5-39 所示。

图 5-39　新建虚拟课堂会话属性设置

④ 单击"提交"按钮。

（2）加入虚拟课堂

① 选择教师想要加入的协作会话。

② 单击协作会话名称右边的"加入"按钮，如图 5-40 所示。教师将看到一个"聊天载入"的界面，根据链接速度，可能需要花几分钟来下载所有资料。

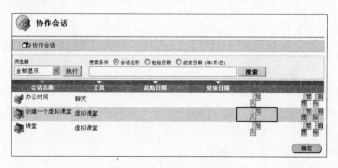

图 5-40　加入虚拟课堂

打开虚拟课堂时,部分浏览器会阻止虚拟课堂窗口弹出。右击阻止弹出窗口提示,选择"总是允许来自此站点的弹出窗口"命令后,再次单击进入虚拟课堂。

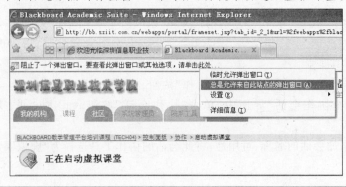

③ 图 5-41 就是一个虚拟课堂。虚拟课堂界面有 4 个主要板块:左上方为虚拟课堂中所有可以使用的工具列表;右上方为展示区,可以用来共享信息;右下方为所有发送到组的消息;左下方为当前所有在虚拟课程中的成员列表。

图 5-41　虚拟课堂界面

④ 当教师的用户名出现在图 5-41 左下方的成员列表中时,就表示教师加入了虚拟课堂。

（3）存档记录

存档可以记录学习者在虚拟课堂中说了什么,是网络教学中师生交互、学生间交互的重要佐证材料。一旦教师为某个特定虚拟课堂会话存了档,教师便可以回顾、排序、修改和删除存档。具体存档记录操作如下:

① 在虚拟课堂界面的右上角单击"记录"按钮,如图 5-42 所示,弹出为会话命名的窗

口。若不单击该按钮,系统将不记录虚拟课堂的教学过程。

图 5-42 虚拟课堂工具按钮

② 为聊天记录输入一个名称,如图 5-43 所示。默认名称是当前日期和时间,然后单击"确定"按钮。

③ 要保存的记录结束后,单击"结束记录"按钮。教师可以不结束记录就离开聊天室,它将继续记录。

(4) 课程结构图

使用课程结构图,教师可以向参与协作会话的所有用户展示内容区中的页面。向参与者展示课程内容的步骤如下:

图 5-43 虚拟课堂会话记录

① 单击虚拟课堂界面中的课程工具板块(左上方)的结构图,如图 5-44 所示。

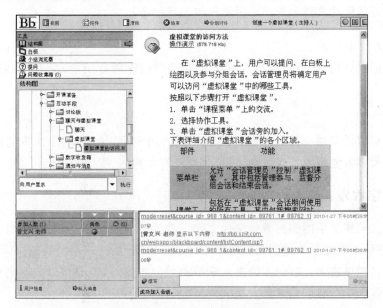

图 5-44 虚拟课堂的结构图界面

② 单击打开文件夹。

③ 选择教师想展示的课程内容,选中的文档会高亮显示。

④ 在下拉列表框中选择"向用户显示"选项。

⑤ 单击"执行"按钮。

(5) 提问

提问工具用来让学生向教师提问。这些问题放在问题收集箱里,而且只有教师回答以后才向所有用户显示。

（6）分组讨论

在协作会话中，教师可以创建一个分组讨论。这是一个新的虚拟课堂界面，可以进行小组讨论。操作步骤如下：

① 单击"分组讨论"按钮，如图 5-45 所示。

图 5-45   虚拟课堂的分组讨论

② 勾选用户名前面的复选框，从列表框中选择教师想让其加入分组讨论的用户。

③ 单击"确定"按钮。

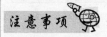

　　每个分组讨论会打开一个新界面，可能使小组讨论与全班讨论的界面产生冲突或者混淆，建议尽量避免同时进行小组讨论和全班讨论。

（7）结束协作会话

协作会话完成后，教师可以选择在关闭会话时删除所有用户，单击"结束"按钮结束会话。

2. 聊天

聊天是虚拟课堂的一部分，利用"聊天"功能，用户可以通过基于文本的聊天进行互动。聊天在很多方面跟虚拟课堂相似，但是它没有结构图、提问和分组讨论这几种工具。

5.2.3   数字收发箱

数字收发箱使学生能够与教师交换文件。教师可以获得学生的文件，对它们进行评价，然后将它们返回给学生或者与其他学生共享。学生也有一个数字收发箱，他们从导航菜单上的工具栏里进入。教师不能进入学生的数字收发箱，但是可以向花名册上的任意学生发送文件。学生只能向教师发送文件。

利用数字收发箱查收学生提交的文件并发回给学生的操作如下：

（1）单击控制面板中课程工具中的"数字收发箱"按钮。学生提交的文件列在这里，如图 5-46 所示。

（2）单击文件名打开文件（文件打开的方式根据使用的浏览器而不同）。

（3）右击将文件保存到桌面。

（4）打开文件并添加评论。

（5）用一个不同的名字保存文档以便与学生交来的原始文档进行区分。

（6）使用发送文件功能可以将文档发回给学生，发送方法如下：

① 单击控制面板，在课程工具中单击"数字收发箱"按钮，然后单击"发送文件"按钮。

② 选择收件人，单击"浏览"按钮来选择要发送的文件，如图 5-47 所示。

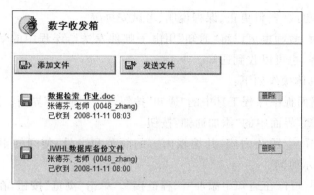

图 5-46　"数字收发箱"界面

图 5-47　利用数字收发箱发送文件

③ 单击"提交"按钮,将把文件发送到所选学生的数字收发箱中。

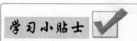

　　数字收发箱中不能新建文件夹,当学生提交的作业、文档较多时,如何有效地组织和批改作业、文档成为让教师头疼的问题。建议利用"作业"功能发布作业,学生回答的作业、文档会自动按作业名称添加到"成绩中心"中,教师再到"成绩中心"中查看、批改作业。

5.2.4　通知与消息

1. 通知

通知是师生交互的一种工具,可以用来发布课程中时效性强的信息,如作业的截止时间、教学大纲中的更改、资料更正、课程说明、考试安排等。

　　添加"通知"时,教师也可以将"通知"用电子邮件发送给课程中的学生。这样即使学生没有登录此课程,也可以收到通知。

　　发布通知的具体操作如下:

　　(1)单击控制面板中课程工具中的"通知"按钮,进入"通知"界面。

　　(2)单击"通知"界面中的"添加通知"按钮。

　　(3)输入通知的主题及内容,并编辑内容的颜色和字号,使通知更加醒目。填写选项,控制通知的显示时间。

　　(4)如果需要,可以在通知中添加"课程链接"。单击"浏览"按钮,在树形目录中找到需要链接的内容并单击。

　　(5)选择是否通过电子邮件将通知发给学生。

　　(6)单击"提交"按钮。

　　(7)再单击"确定"按钮返回通知列表,添加的通知出现在通知列表中。

　　(8)可以单击"修改"按钮修改通知或单击"删除"按钮删除通知。

2. 消息

　　"消息"机制使师生能在教学平台内彼此发送消息,并将这些消息保存起来。无论是别人发送来的消息还是发送给别人的消息都保存在教学平台中。发送和检查消息的操作方法如下:

　　(1)单击控制面板,在课程工具中单击"消息"按钮。"收件箱"里保存的是收到的消息,"已发送"里记录着发送给其他用户的消息。

　　(2)单击"新消息"来发送消息。

　　① 单击"收件人"按钮列出班级成员名单。

　　② 从名单中选择收件人,首先选中收件人的名字,选中以后名字会高亮显示,然后单击向右的箭头按钮 ⊙,如图 5-48 所示。

图 5-48　发送消息

　　(3)输入消息的主题和正文,单击"提交"按钮。

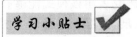

> （1）课程以外的用户不能发送或接收消息。
>
> （2）通知将按张贴的顺序出现，最近的通知将张贴在最前面。
>
> （3）如果选择"永久通知"，则该通知总会出现在所有通知之上，所以除非有需要置顶的通知才设置此项。

5.2.5　调查

"调查"其实就相当于网络教学平台中的一个匿名的测验、调查工具，"调查"的创建方法与"测试"一样，只不过每道提问没有设分值。它通过控制面板中的"调查管理器"进行操作，如图 5-49 所示。

按照测试的步骤来创建和设置调查。

图 5-49　调查管理器

5.3　交互教学设计的方法与策略

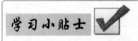

交互教学设计的常见形式及其设计方法
在 Blackboard 平台中常用以下几种方法来组织相应的交互式教学。

交互教学设计	学习策略
学生自主型学习	学习单元
讨论型学习	虚拟课堂的分组讨论
	论坛
	消息
	邮件
教师引导型学习	虚拟课堂
	交互式电子白板
	题库

交互教学是（Palincsar & Brown，1984）在试验中发展起来的一种阅读教学模式，它

的实质是通过师生有效的对话使学生掌握相应的学习方法,大量研究表明该模式能够有效提高学生的自学能力和阅读理解能力。随着网络技术的蓬勃发展,交互教学可以方便地集中和整合各种教育资源,从而为教师及学生提供一个实时交互的网络虚拟课堂,充分满足学校的教学培训需求。

5.3.1　自主型学习设计

在自主型学习过程中,选择合适的学习模式能提高学生的学习自主性,是培养学生自主学习能力的关键,在 Blackboard 平台中往往都采用"自主学习"来实现以上目标。

在开展自主学习过程前需考虑以下两个问题。

(1) 如何有效地运用学习策略能力? 研究表明,由于学生会对新课程产生生疏感,对最终学习目标的认识模糊及少数学生的学习信心缺失,使得激活和培养学生的学习策略能力尤为重要。因为他们首先需要的是自我管理能力,即"高度的自律性、足够的自我组织能力和缜密的计划性(Brenner,1997)",所以具备和有效运用学习策略是他们实现学习自主性的关键。

(2) 如何构建学习环境? 这一点至关重要,自主学习并不一定意味着完全的独立,教师必须参与策略指导、内容推荐、结果评估这 3 个环节。

自主学习是网络教学的重要组成部分,本节使用案例来演示教师如何在 Blackboard 平台上实现"自主学习"环节,根据学生的学习过程给出对应的参考方法。

自主学习涉及的设计方法如表 5-3 所示。

表 5-3　自主学习涉及的设计方法

学生自主型学习	开课前的提示	通知,邮件,消息
	导航式的菜单	学习单元
	指导性的教学要求	学习单元
	教学素材的展示	学习单元
	参考资料	学习单元
	对疑难问题的解答	消息,邮件,论坛
	同步练习及模拟考试	题库
	论坛交互园地	论坛

在自主学习课程建设阶段中,教师往往准备很多素材和大量的教学资源,怎么把它们和谐地展现在学生的面前? 此时在网页中的展现手法就非常重要,一条清晰的设计思路、导航式的菜单、多样化的界面风格、交互性的教学方法、生动活泼的视频教材、及时的反馈机制均能激发学生的学习兴趣,极大地提高学习效率。

设计以下环节和步骤来实现自主学习。

1. 课程结构

(1) 菜单导航

在进行自主学习课程设计时,务必要让学生能够方便快捷地找到需要学习的模块,做到课程结构清晰合理,导航便捷,这一点也适用于整个网络教学过程。图 5-50 是利用"学习单元"设计的菜单导航的一种形式。

图 5-50　菜单导航

当然在菜单的布局上很多情况下是通过多级菜单的形式进行导航,单击图 5-50 中"第一章 SQL Server 2000 概述"菜单进入第一章节学习,如图 5-51 所示,进入相关链接。

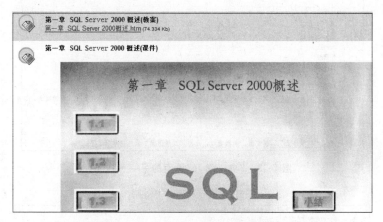

图 5-51　从课程导航进入二级界面

通过菜单导航学生可以方便地找到自主学习的界面,如图 5-52 所示。

至此,菜单导航的基本功能就完成了,学生可以根据界面提示开展自主学习活动。

当然,"自主学习"菜单的界面表示方法可以有多种形式,另一种风格的菜单如图 5-53 所示。

(2) 教学目标

教学目标需反映出学生要达到的学习效果,指导学习者达到课程学习目标,并为学生自我检验学习成效提供标准,这个环节是确保教学质量的基础。在这里可以提出具体的课程性质、教学目标、教学内容、要掌握的知识点、技能等。单击图 5-54 的相关链接就可以进入"教学内容"、"教学要求"等栏目,如图 5-55 所示。

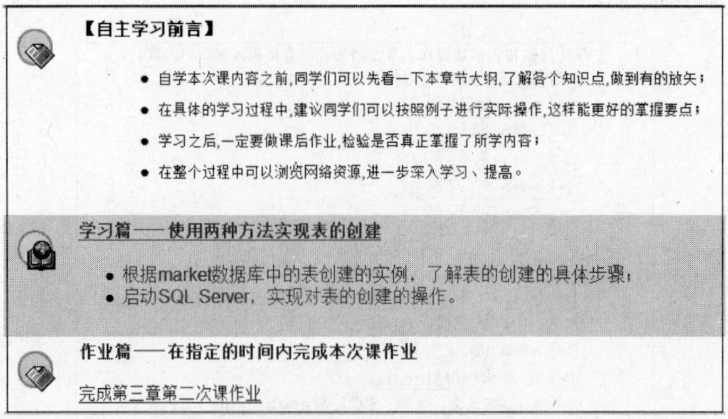

【自主学习前言】

- 自学本次课内容之前,同学们可以先看一下本章节大纲,了解各个知识点,做到有的放矢;
- 在具体的学习过程中,建议同学们可以按照例子进行实际操作,这样能更好的掌握要点;
- 学习之后,一定要做课后作业,检验是否真正掌握了所学内容;
- 在整个过程中可以浏览网络资源,进一步深入学习、提高。

学习篇——使用两种方法实现表的创建

- 根据market数据库中的表创建的实例,了解表的创建的具体步骤;
- 启动SQL Server,实现对表的创建的操作。

作业篇——在指定的时间内完成本次课作业

完成第三章第二次课作业

图 5-52　进入"自主学习"菜单

步骤一
学习PPT,了解相关的知识点,学习目标,点击"后退"回到"学习导航"页面。

步骤二
点击进入"求职信教案",使学生理解并熟悉写作求职信的注意事项;点击后退,回到"学习导航"。

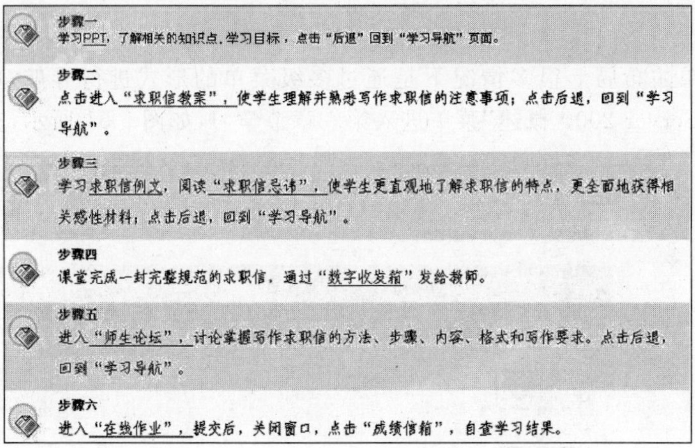

步骤三
学习求职信例文,阅读"求职信总诉",使学生更直观地了解求职信的特点,更全面地获得相关感性材料;点击后退,回到"学习导航"。

步骤四
课堂完成一封完整规范的求职信,通过"数字收发箱"发给教师。

步骤五
进入"师生论坛",讨论掌握写作求职信的方法、步骤、内容、格式和写作要求。点击后退,回到"学习导航"。

步骤六
进入"在线作业",提交后,关闭窗口,点击"成绩信箱",自查学习结果。

图 5-53　"自主学习"界面的另一种风格

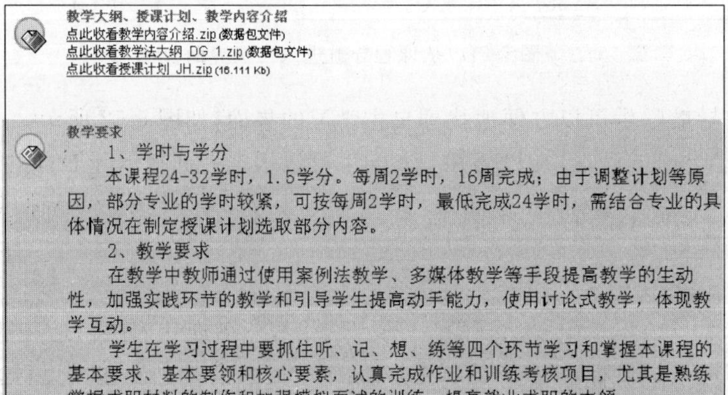

教学大纲、授课计划、教学内容介绍
点此收看教学内容介绍.zip (数据包文件)
点此收看教学法大纲_DG 1.zip (数据包文件)
点此收看授课计划_JH.zip (16.111 Kb)

教学要求
　　1、学时与学分
　　本课程24-32学时,1.5学分。每周2学时,16周完成;由于调整计划等原因,部分专业的学时较紧,可按每周2学时,最低完成24学时,需结合专业的具体情况在制定授课计划选取部分内容。
　　2、教学要求
　　在教学中教师通过使用案例法教学、多媒体教学等手段提高教学的生动性,加强实践环节的教学和引导学生提高动手能力,使用讨论式教学,体现教学互动。
　　学生在学习过程中要抓住听、记、想、练等四个环节学习和掌握本课程的基本要求、基本要领和核心要素,认真完成作业和训练考核项目,尤其是熟练掌握求职材料的制作和加强模拟面试的训练,提高就业求职的本领。

图 5-54　教学内容概要

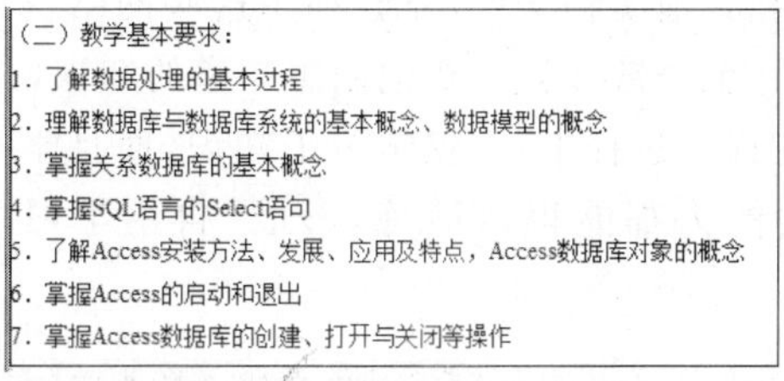

（二）教学基本要求：
1．了解数据处理的基本过程
2．理解数据库与数据库系统的基本概念、数据模型的概念
3．掌握关系数据库的基本概念
4．掌握SQL语言的Select语句
5．了解Access安装方法、发展、应用及特点，Access数据库对象的概念
6．掌握Access的启动和退出
7．掌握Access数据库的创建、打开与关闭等操作

图 5-55　指导性的教学要求

（3）教学内容

在"自主学习"单元主要是以文字呈现为主，视频、图片辅助的形式出现，反映教学者的思想和理念。力求有完整的体系，有高度的总结，如图 5-56～图 5-58 所示。

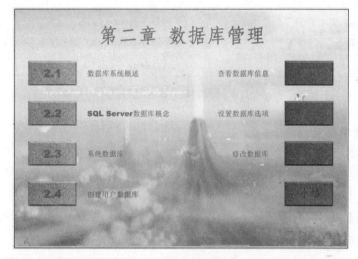

图 5-56　教案的展现形式

图 5-57　视频的形式

图 5-58　图片的形式

"自主学习"单元注重学习资源的组织方式，利用丰富的教学参考资源（图表、视频、网站等）和灵活的跳转方式来支持学生的学习。

（4）学习参考

这是 Blackboard 平台教学的优势所在，通过收集并整理多元化的教学资料，以及资料的不断更新，方能体现 Blackboard 网络教学强大的生命力。资源应包括网络文件、网上可查找的数据库、书籍和其他实物文件,充分利用这些网络资源,把相关的知识点通过链接予以提供,学生通过一个个链接去查找他们想知道的知识,并运用他们的综合探究能力去筛选有用的信息。在这一过程中,不仅学习了知识,而且学生对信息的收集能力、处理能力、探究精神和实践能力都能得以锻炼,形成"自主学习"的良好习惯,如图 5-59所示。

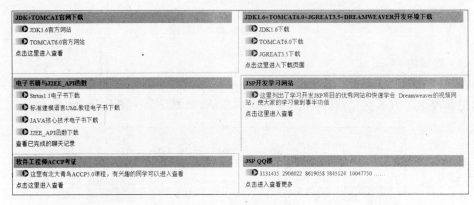

图 5-59   教学参考资料

2. 组织教学交互

(1)开课提示

在"自主学习"中采用开课提示的方法可以提高学生的参与度,提醒学生注意,一般为自动查询或被动通知的方式。

① 进入"通知"界面,以添加通知的方式提示学生进入相关主题的自我学习,教师建立相关学习的通知。学生登录网络课程后看到的界面如图 5-60所示。

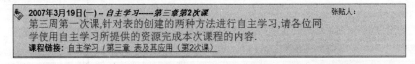

图 5-60   通知栏提示学生进行自主学习

② 进入"消息"或"数字收发箱"界面,编写相关消息、邮件等提示学生进入相关主题的自我学习,如图 5-61所示。

(2)对学习难点的提示及解答

针对教学内容的难点,应有专项的解决办法。自主学习者希望能够快速解决存在的问题。不断完善的"问题"是 Blackboard 网络教学模式的亮点,可以利用"学习单元"的方式给予集中答疑,如图 5-62所示。

(3)利用论坛交互方式进行答疑

进入"讨论板"界面,通过论坛与其他学生进行交互交流,能够取长补短,避免学习中的盲点。对于教师来说,与学生进行开放的交流,了解学生在学习中的各种问题,是改善教学方式的重要信息来源,如图 5-63所示。

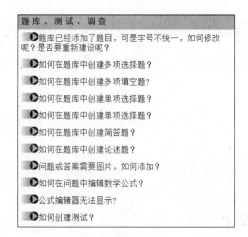

图 5-61　消息提示学生进行自主学习

题库、测试、调查

▶题库已经添加了题目，可是字号不统一，如何修改呢？是否要重新建设呢？

▶如何在题库中创建多项选择题？

▶如何在题库中创建多项填空题？

▶如何在题库中创建单项选择题？

▶如何在题库中创建单项选择题？

▶如何在题库中创建简答题？

▶如何在题库中创建论述题？

▶问题或答案需要图片，如何添加？

▶如何在问题中编辑数学公式？

▶公式编辑器无法显示？

▶如何创建测试？

图 5-62　疑难解答

08-3-27 上午8:28	RE:RE:RE:RE:order by语句的使用
08-3-26 上午11:45	RE:RE:order by语句的使用
08-3-26 上午11:36	RE:order by语句的使用
08-3-26 上午11:35	RE:order by语句的使用
08-3-26 上午11:35	RE:RE:order by语句的使用

图 5-63　论坛园地

3．开展学习评测

（1）同步练习及模拟考试

建立、健全同步练习及模拟考试环节，是 Blackboard 网络教学完整性的重要一环，并能达到检验学习效果、巩固学习成果的目的，也是教师监控学生学习情况的重要手段，了解不同的学生对不同知识的掌握程度，为个性化的培养提供依据。另外，也可用于学习者个人自测，为制订及调整个人的学习计划提供帮助。进入"测试管理器"模块，为"自主学习"设置测试及练习，如图 5-64 所示。

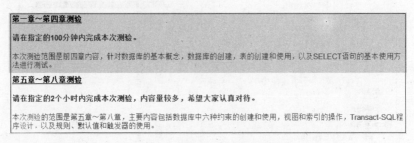

图 5-64   同步练习及模拟测试

（2）成绩管理

进入"成绩中心"模块，教师可以查看学生作业情况并给出相应成绩，如图 5-65 所示。

名字	第二章 数据库管	第三章 表及其E	第三章 表及其E	第三章 表及其E
吴国威	75.00	76.00	88.00	92.00
吴宝欣	82.00	80.00		65.00

图 5-65   学生成绩簿

教师在关注以上要点的同时，还要考虑操作界面的友好性、灵活性。

5.3.2   讨论型学习设计

1. 小组交互式学习

小组交互式学习是交互式讨论学习的一种重要形式，它是以小组活动为主体而进行的一种教学活动。它把全班学生按一定的方法平均分成若干个小组，教学过程的大部分环节都以小组活动为核心。要求学生互助合作尝试探索讨论知识点，并以小组的总体成绩以及全体的表现作为评价和奖励的依据。表 5-4 所示为交互式学习涉及的设计方法。本节主要介绍小组讨论的教学方式，小组讨论型学习如图 5-66 所示。

小组交互式学习的优点如下：

（1）有利于达到因材施教，面向全体学生。

（2）有利于诱发学生深层次学习兴趣，发挥主观能动性。

（3）有利于不同层次的学生在预定的时间中更自由地主动学习。

（4）符合学生开放性思维的培养。

（5）进一步优化师生、同学的关系。

讨论型学习在 Blackboard 平台中可以使用多种方法实现，可以单独使用一种方法，

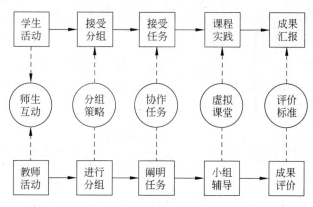

图 5-66　小组讨论型学习

或者灵活组合多种方法都可以实现正常的讨论学习方式。

表 5-4　交互式学习涉及的设计方法

分组讨论	虚拟课堂
	论坛
	消息
	邮件

2. 讨论型学习设计实现

课程结构与"自主学习"中"课程结构"相类似,这里就不再重复。

组织教学讨论模式如下:

(1) 虚拟课堂的分组讨论

在 Blackboard 平台中,进入"虚拟课堂"界面后,单击"分组讨论"按钮 ➡,如图 5-67 所示。

图 5-67　单击"分组讨论"按钮

勾选相应复选框选择合适的成员,选定的成员能在同一小组中进行讨论,如图 5-68 所示。

组员角色定位。一个小组中,往往包含图 5-69 中的几种角色。当然视组员人数,还可灵活设岗,定时轮换。这样通过一段时间的锻炼、实践,人人都有一定的合作能力。这在组织形式上保证了全体同学均能参与合作的可能性,提高了合作的参与度与合作效率。

(2) 利用论坛、消息、邮件工具进行分组讨论

以上几种形式的交互式讨论都具有即时反馈等功能,能活跃课堂气氛,提高课堂的视觉效果,更加有利于激发学生的学习兴趣,能够调动学生参与学习的积极性。图 5-70～图 5-72 分别为利用论坛、消息、邮件工具讨论方式示意图。

图 5-68   选定分组里的成员

图 5-69   设置分组成员的角色

	日期	话题	作者	状态	未读帖子	帖子总数
☐	10-3-16 上午11:32	数据库最小容量	教师	已发布	41	41
☐	10-3-16 上午11:32	给数据库重命名的方法	教师	已发布	43	44
☐	10-3-9 上午11:28	数据库文件的分组	教师	已发布	40	40
☐	10-3-9 上午11:27	数据库文件属性描述	教师	已发布	42	42
☐	10-3-2 上午11:29	第一周讲解速度	教师	已发布	40	40
☐	10-3-2 上午11:28	什么是SQL？	教师	已发布	44	44

图 5-70   论坛讨论方式

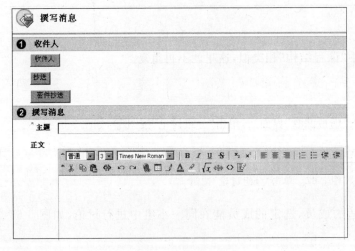

图 5-71   消息讨论方式   图 5-72   邮件讨论方式

5.3.3   教师引导型学习设计

引导和促进学生不断提高学习的自主性、协作性、探究性和创造性是网络教学的重要任务。与传统教学模式相比，其核心是教师和学生在教学活动中角色的转变，教师从知识的传输者变为指导者，学生从知识的被动接受者变为知识的主动建构者。在网络环境下教师可以运用多媒体教学手段，通过多样化考核方式引导学生顺利地掌握知识点，在Blackboard 平台中可以使用练习、试题等方式进行学习。引导型学习涉及的设计方法如

表 5-5 所示。

表 5-5　引导型学习涉及的设计方法

引导型学习	虚拟课堂
	电子白板
	考查机制(题库)

　　学生在进行引导型、探究型学习中往往带着问题开展学习活动,通过网络手段获取资源,最终解决问题。本节使用案例来演示教师如何在 Blackboard 平台上实现"引导型学习"环节。

　　案例　"SQL Server 数据库"课程中有一道思考题:"备份和还原",如图 5-73 所示。

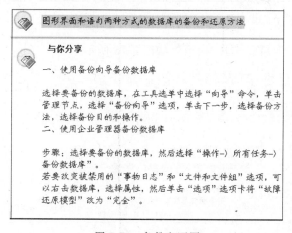

图 5-73　备份和还原

1. 引导型学习设计实现

　　课程结构与"自主学习"中"课程结构"相类似,这里就不再重复。

　　组织教学引导模式如下:

　　(1)利用"虚拟课堂"的引导型学习

　　在"SQL Server 数据库"课程教学中不仅仅是由教师向学生呈现现成的知识和结论,通过在"虚拟课堂"中由教师提出问题、给出任务,让学生利用网络资源在复杂的情境中进行探索,去研究和发现隐藏在问题中的规律,得出自己的研究结论。在这个过程中,老师应该通过做练习或考试的手段去检查学习效果。首先,在"课程结构"中设计好相关引导型学习的内容后,进入"协作"界面,单击"协作会话",进入"虚拟课堂"界面,如图 5-74 所示。通过"虚拟课堂"的方式引导学生自己去探索、解决已经设计的课堂问题,教学过程中间穿插板书的形式讨论此问题,如图 5-75 所示。最后,进入"测试"模块中的"测试管理器",通过设计一系列的配套练习题库来验证学生对知识点的理解。

　　(2)交互式电子白板

　　交互式电子白板通过构建一个交换式协作教学环境,将需要讲解的知识点利用白板直接进行标注、修改、擦除、保存等操作。在本案例中可以穿插讲解相关的知识背景及关

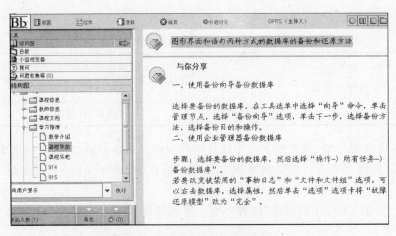

图 5-74　"虚拟课堂"的探究型学习

注点,进入"虚拟课堂"界面,选择"白板",如图 5-75 所示。

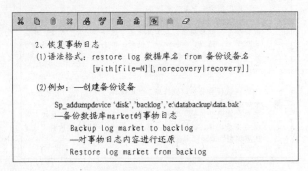

图 5-75　"虚拟课堂"对相关知识点的描述

当然对于讲授性的课程,老师需要在电子白板上进行板书,学生经过分析思考后,得出自己的研究结果;教师可以在电子白板中编辑文字及简单的公式,发布需要解答的问题,如图 5-76 所示。

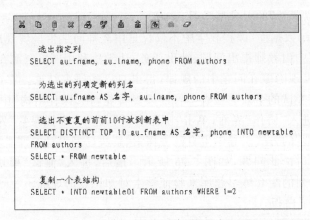

图 5-76　电子白板演示讲授性的课程

2. 开展学习评测

引导型学习的考查机制：引导型学习的关键问题是怎么检查学习的效果，形成性考核是对学习内容和过程的双重考核，目的是对教育的全过程提供反馈信息，进行质量监控，有助于更加全面真实地反映学生的学习水平。合理、科学地确定形成性考核内容及相应权重，科学规范地进行操作，能够真实地反映学生的学习过程、学习效果及课程考核综合成绩。

考核要制定一个标准，学生在学完本课程后，应能够牢固掌握其基本原理、基本知识和基本理论，并能够运用所学知识和理论分析、解决实际问题。在 Blackboard 平台中进入控制面板，单击"测试"中的"题库管理器"，就此类案例可以搭建多个题库，标注若干知识点，教师对原理、知识点进行组合抽题，方能达到检查学习效果的目的，抽题界面如图 5-77 所示。

在这一节里，介绍了交互式学习的基本方法及对应的学习策略，其中涉及的各种技巧及知识点都在本章有详细的介绍，这些都是对 Blackboard 交互式教学的探索、应用。以 Blackboard 网络教学为基础设计出的网络课程与以往的教学方法相比，具有丰富的教学资源和灵活的教学方法、及时的反馈机制，更能提高学生的学习兴趣，巩固学习效果。

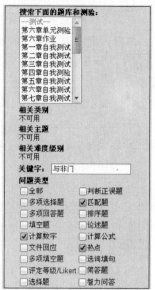

图 5-77　组合抽题测试检查学习效果

5.4　常见问题及解答

1. 使用网络课程授课前，如何将用户注册到我的课程中？

答：平台允许将用户注册到相应的课程中，在"控制面板"的"用户管理"界面选择"注册用户"，在菜单中查找到需要注册的用户，并赋予适当的权限。如果是学生，赋予"学生"的权限即可；如果是协助课程建设的老师，可赋予"助教"或"教师"的权限。

2. 如何快速地将一个班的学生注册到我的课程中？

答：可以采用批注册的方法快速地将一个班的学生注册到课程中，具体操作方法参考 5.1.2 小节。

3. 怎样创建小组？如何把学生注册到各小组中？

答：通过"控制面板"中"用户管理"界面中的"管理小组"添加小组，小组创建成功后，单击"修改"按钮，进入管理小组界面，将用户添加到小组中。

4. 访客可以看到课程的哪些内容？

答：首先，访客只有在教师开放访客功能的前提下才能看到部分内容；其次，访客不能看到涉及隐私的内容，如讨论板的交流内容、学生的成绩等。

5. "虚拟课堂"打不开或者打开后界面内无内容，该如何排除故障呢？

答：多种原因可导致"虚拟课堂"界面打不开或不可用,需依次检查以下环节。

（1）计算机是否已经安装 Java 插件,如没安装请单击网络课程中的 Java 插件链接安装,再尝试进入"虚拟课堂"。

（2）部分浏览器会阻止虚拟课堂界面弹出,右击阻止弹出窗口提示,选择"总是允许来自此站点的弹出窗口"选项后,再次单击进入"虚拟课堂"。

（3）"虚拟课堂"界面能打开,但界面内无内容。出现此种情况需联系网络课程系统管理员。

6. "虚拟课堂"的录制按钮不见了,怎样找回来?

答：出现这种问题的原因可能是"虚拟课堂"的名称太长,将"虚拟课堂"的录制按钮挤出了界面外。缩短"虚拟课堂"的名称后再单击进入"虚拟课堂"。

7. 如何有效地管理学生提交的作业文档?

答：当学生提交的作业文档较多时,用数字收发箱管理不太方便。建议采用"作业"功能发布作业,学生提交的作业文档自动按作业名称添加到"成绩中心"中,教师到"成绩中心"可分类查看学生提交的自制作业文档。

8. 如何查看学生访问课程的情况?

答：Blackboard 平台有学习活动跟踪和统计功能,可把学生访问的课程资源和参与的网上教学活动情况都记录下来,教师也可以方便地查询和统计出这些内容。通过"控制面板"中的"课程统计"界面来查看课程的访问情况。

小　结

本章重点介绍利用网络课程进行实际教学的知识,分别讲解了课程用户注册、教学互动创设、3 种典型交互式网络课程教学模式。综合运用上述方法,帮助教师利用建设的网络课程进行实际教学。

第6章 Chapter

课程学业评定

学业评定是对学习者学习效果的评价和管理。对于教师来讲,通过学业评定可以充分了解教学情况和学生对本门课程知识的掌握程度,从而完善教学目标、改进教学方法;对于学生来讲,通过学业评定可以检查自己在学习中的收获和不足之处,为改进学习方法提供依据。学业评定包括测试批改、作业批改、学业监控和预警以及成绩管理。

> **学习重点**
> 1. 掌握如何对学生进行学业监控。
> 2. 掌握如何对学生进行学业考核。
>
> **主要任务**
> 1. 学业监控。
> 2. 学业考核。

随着高校教学制度改革的不断深入,教育形式已经不仅仅局限于面授这种单一的教学模式,"网络教学+面授"的混合教学模式已经逐渐为广大教师所接受。这也需要教师对学生进行科学的学业综合评价,从而引导学生培养专业素养和综合素质,改善学习状况,提高学习能力。

学业评定作为混合教学模式的最后一个环节,也是整个教学实施过程中最重要的一个环节。通过学业评价,也有助于教师了解学生对知识的掌握程度,从而及时改进教学方法。学业综合评价可以分为过程性考核和总结性考核。

学业监控注重对学生的学习行为进行跟踪记录和考核,对学生的学习情况实时监控,便于教师了解学生的学习进度,对落后的学生发出警告信息,起到督促作用。

学业考核注重对学生的学习效果进行评价,通过对课程学习、阶段测评成绩、综合测评成绩以及平时表现等的综合考核,给出学生该学年的综合成绩。

教师通过 Blackboard 教学管理平台提供的各种学业评定功能,可以及时掌握学生的学习进度和学习效果,形成过程性考核和总结性考核,并将这些信息及时反馈给学生。

6.1 学业监控

教师通过 Blackboard 教学管理平台提供的课程统计、成绩指示板和预警系统,可以对学生的学习过程、作业完成情况等进行监控。

6.1.1　课程统计

"课程统计"是帮助教师进行学业监控的一个得力工具。教师可以利用"课程统计"生成有关课程使用情况的报告,也可以查看指定学生的浏览情况,以确定该学生是否正在使用课程,报告以图表的形式呈现,使教师对学生浏览课程各部分内容的情况一目了然,便于教师做出过程性评价。单击进入"控制面板"中的"课程统计",如图 6-1 所示,选择报告的类型、筛选的时间段以及指定查看的用户,则生成如图 6-2 所示的报告,在报告中可以清楚地看出所选的所有学生对课程每一部分内容的访问量,以及每一个学生对课程每一部分内容的访问量,如图 6-3 所示。

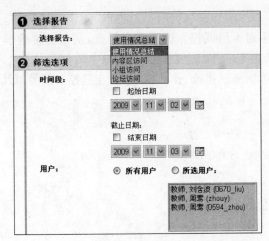

图 6-1　课程统计

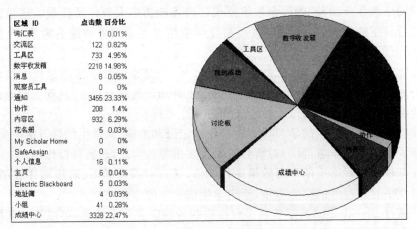

图 6-2　课程内容访问量统计

若未设定筛选时间,则显示课程自使用以来的浏览情况,如图 6-4 所示。

除此之外,还会以月份为单位显示每一天每一个学生的访问课程量。最后,报告中会以柱状图的形式统计出一个月中每一天的平均访问量,如图 6-5 所示,以及一周中每一天的平均访问量,如图 6-6 所示。

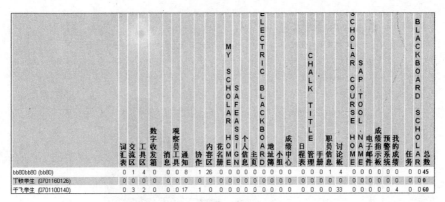

图 6-3 学生访问量统计

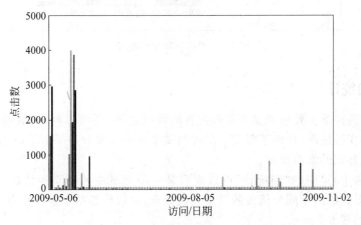

图 6-4 课程浏览情况统计

时间	点击数	百分比
00	106	0.39%
01	70	0.26%
02	2	0.01%
03	5	0.02%
04	7	0.03%
05	0	0%
06	5	0.02%
07	41	0.15%
08	2525	9.27%
09	4006	14.71%
10	7393	27.15%
11	5362	19.69%
12	476	1.75%
13	992	3.64%
14	2053	7.54%
15	879	3.23%
16	273	1%
17	380	1.4%
18	229	0.84%
19	547	2.01%
20	629	2.31%
21	454	1.67%
22	533	1.96%
23	260	0.95%
总数	27227	100%

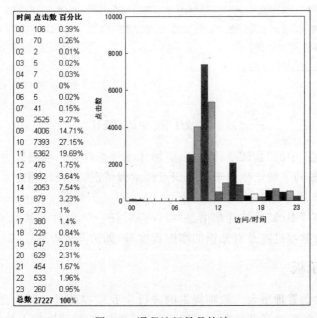

图 6-5 课程访问量月统计

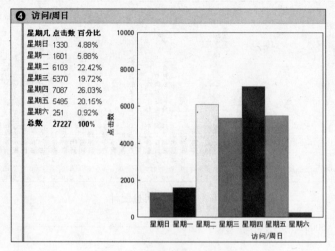

图 6-6　课程访问量周统计

6.1.2　成绩统计

　　教师除了监控学生登录和参与课程内容的情况之外,还可以利用"成绩中心"查看学生对于测试的作答情况,详细了解某一单元测试学生的成绩分布等信息,有助于教师掌握学生对本单元知识的掌握程度。

　　利用"成绩中心"中的"列统计"可以查看某一项测试中所有学生的成绩分布,"列统计"以统计的形式给出不同分值段的学生人数分布,可以使教师了解学生对于该部分内容的掌握程度,如图 6-7 所示。

统计	
计数	32
最小值	36.00
最大值	94.00
范围	58.00
平均值	77.63
中间数	84.00
标准偏差	18.06
差异	326.11

状态分布	
空	4
进行中	2
需要评分	0
免除	0

成绩分布	
greater than 100	0
90 - 100	13
80 - 89	6
70 - 79	3
60 - 69	3
50 - 59	4
40 - 49	2
30 - 39	1
20 - 29	0
10 - 19	0
0 - 9	0
less than 0	0

图 6-7　成绩中心中的列统计

　　利用"成绩中心"中的"尝试统计"可以更加详细地查看某一项测试中每一道题的学生作答情况,从而使教师了解学生对于该知识点的掌握情况,该统计功能尤其适用于调查信息的统计,如图 6-8 所示。

　　利用"成绩中心"中的"成绩详细信息"可以查看任一学生对于某项测试的作答情况,从而掌握该学生的学习进度及对知识的掌握程度等,如图 6-9 所示。

6.1.3　成绩指示板

　　Blackboard 教学管理平台为教师提供的进行学业监控的另一得力工具是"成绩指示板"。利用该工具,教师除了监控学生成绩之外,还可以查看学生的上次课程访问时间及

问题 1　多项选择题		平均分　1.53 分
按照《2000通则》规定，如果双方以CFR术语成交，买卖双方风险划分界限为：		
正确	答案	已回答百分比
✓ 以货越装运港船舷为界		76.471%
以货交第一承运人为界		2.941%
以目的港交货为界		14.706%
以船边交货为界		5.882%
未回答		0%

图 6-8　成绩中心中的尝试统计

名称	五、六综合在线作业
用户	何水发　学生
状态	已完成
分数	得 100 分，满分 100 分
说明	
清除尝试	单击清除尝试清除此用户的尝试。 清除尝试
注释	修改反馈

问题 1　判断正误题	得 10 分，满分 10 分
建设有中国特色社会主义理论首要的基本理论问题是"解放生产力、发展生产力	
给定答案：✓ 错 正确答案：✓ 错	

图 6-9　成绩中心中的成绩详细信息

距今天数、课程内容复查状态、适应性状态、论坛发帖数目、成绩预警及成绩查看等所有学生在课程中的学习进度和活动的相关信息，为教师提供一个查看课程中各用户活动的窗口。通过"成绩指示板"，教师可以对学生的学习情况一览无余。"成绩指示板"的界面如图 6-10 所示。

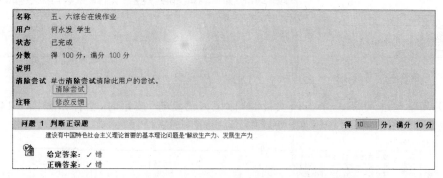

图 6-10　成绩指示板

在"成绩指示板"界面中教师可以查看该课程的所有注册用户的相关信息。通过"上次课程访问"可以查看每个学生最近一次访问课程的时间；通过"自次课程访问后天数"可以查看学生自上次访问完课程距今的天数；通过"复查状态"可以查看已复查课程内容的数目，不过只有当课程内容的复查功能被启用，并且用户单击"复查"按钮后，在"成绩指示板"中才会有显示。启动复查状态的操作如下：

（1）单击需要复查项目的"管理"按钮，如图 6-11 所示。

（2）单击"复查状态"按钮，如图 6-12 所示。

图 6-11   管理复查项

（3）将该项目的复查状态设置为"启用"，如图 6-13 所示。

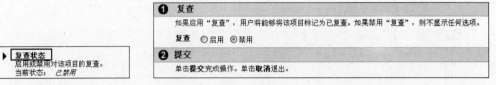

图 6-12   进入复查状态   图 6-13   启用复查状态

（4）当学生进入课程，单击该项目的"标记为已复查"按钮时，会弹出如图 6-14 所示的内容。

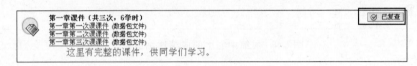

图 6-14   已复查状态显示

教师便可在"成绩指示板"中看到学生的复查状态以及所复查的具体项目，如图 6-15 所示，从而帮助教师了解该部分内容学生的浏览情况。

图 6-15   在"成绩指示板"中查看复查状态

通过"适应性发行"，教师可以在课程结构图中，查看某位学生对于课程内容的可见性，如图 6-16 所示。

通过"讨论板"，可以查看每位学生在论坛里发表帖子的数量；通过"预警系统"，可以查看每个学生的警告数及可能触发警告的规则总数；通过"查看成绩"，可以指向每个学生的成绩中心，显示该学生的所有成绩项及具体内容。

图 6-16   适应性发行

6.1.4   学业预警

通过各种学业监控工具，教师可以充分掌握所有学生的学习进度。对于那些学习进度已经明显落后于班上平均水平的学生，教师可以利用"预警系统"对他们发出预警信号，提醒他们抓紧时间学习，迎头赶上。这种预警方式，打破了面授教学环节中"耳提面命"式的传统模式。在 Blackboard 教学管理平台中,教师只需要做些简单的规则设置,根据课程需要,设定一定的条件或范围,当学生的某些学习信息不满足该条件或范围时,系统就会自动对该学生发出预警信号,提醒他及时跟进,以免落后,从而轻松实现对学生的预警,大大节省了教师的工作量。

在"预警系统"中可以设定"成绩规则"、"截止日期规则"以及"上一访问规则"这 3 种规则,分别对应于不同的监控内容。

1. 设置成绩规则

设置成绩规则的操作步骤如下:

(1)首先进入"控制面板"中的"预警系统",添加一条成绩规则,对于成绩过低或者不符合某一成绩规则的学生发出警告通知,如图 6-17 所示。

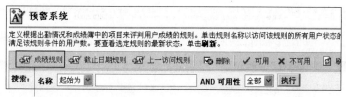

图 6-17　添加成绩规则

(2)设置规则的具体内容,如图 6-18 所示。

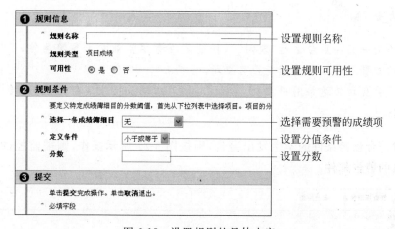

图 6-18　设置规则的具体内容

(3)设置好规则的具体内容之后,单击"提交"按钮,便可看到如图 6-19 所示的所有预警项。

完成设置之后单击某一规则名称以查看该规则的所有用户状态的详细视图。以一项名为"222"测试的成绩规则为例,该项测试满分为 100 分,规定向分数小于或等于 12 分的学生触发警报,图 6-20 显示了该项预警提示中所有用户的信息以及满足预警条件的用户信息。

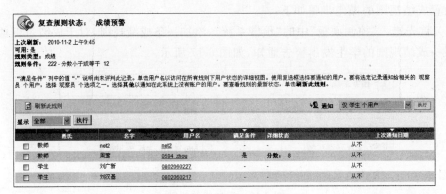

图 6-19 用户详细视图

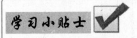

图 6-20 成绩预警最新状态

学习小贴士

系统不会一直在后台运行"规则"以检查是否有学生触发了预警条件,所以教师必须及时刷新预警系统以便检查是否有更新。

警报不会自动传达给用户。教师必须定制消息以及接收消息的人员,接收方才可看到相关信息。

若要对符合预警条件的学生发出警告,则按图 6-21 所示操作,则被监控的学生会收到系统发出的警告邮件。

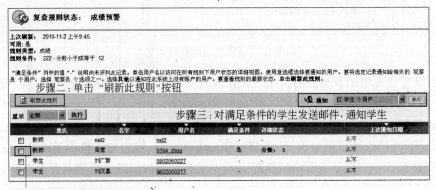

图 6-21 对学生发出警告

警告以邮件形式告知预警对象,还可抄送其他收件人,教师可自己拟定预警主题,如图 6-22 所示。

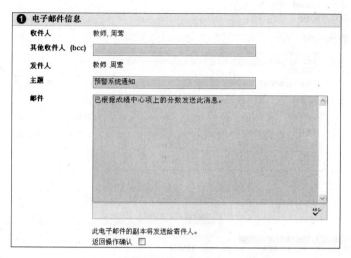

图 6-22　发送预警邮件

2. 设置截止日期规则

设置截止日期规则的操作步骤如下:

(1) 首先进入"控制面板"中的"预警系统",添加一条截止日期规则,对尚未按规定时间完成某项任务的学生发出预警,如图 6-23 所示。

单击此处添加一条截止日期规则

图 6-23　添加截止日期规则

(2) 设置规则的具体内容,如图 6-24 所示。

(3) 完成设置之后单击规则名称以查看该规则的所有用户状态的详细视图。若要对在预警范围内的学生发出警告,操作步骤与"成绩规则"相同。

3. 设置访问规则

设置访问规则的操作步骤如下:

(1) 首先进入"控制面板"中的"预警系统",添加一条上一访问规则,对在某一时间段内都没有访问课程的学生发出预警,如图 6-25 所示。

(2) 设置规则的具体内容,如图 6-26 所示。

(3) 完成设置之后单击规则名称以查看该规则的所有用户状态的详细视图。若要对在预警范围内的学生发出警告,操作步骤与"成绩规则"相同。

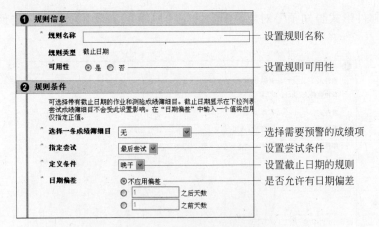

图 6-24　设置规则的具体内容

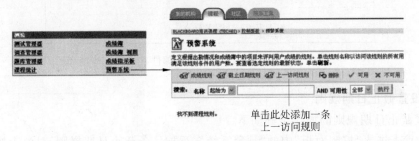

图 6-25　添加上一访问规则

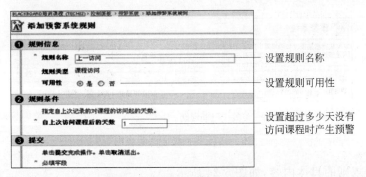

图 6-26　设置规则的具体内容

6.2　学 业 考 核

　　教师可以通过 Blackboard 教学管理平台提供的"成绩中心"批改学生的各项测试和作业,并形成最终的综合成绩,给予学生一项总结性评价,并及时反馈给学生。

6.2.1　测试批改

　　已经发布的测试和作业需要教师及时批改并将结果反馈给学生,以便双方及时了解学习进度及学习效果。测试批改分为手动批改和自动批改。自动批改适用于客观题,可以节省教师工作量;手动批改适用于主观题,教师可根据学生作答情况灵活打分。

1. 测试自动批改

Blackboard 教学管理平台提供了系统自动批改测试的功能,教师只需预先设定题目的分值,系统就会自动对学生提交的测试进行评分,大大节省了教师的批改时间。

以下是自动批改测试的操作步骤。

(1) 首先进入"控制面板"中的"测试管理器",单击"添加测试"按钮或在已有的测试项中单击"修改"按钮,在"添加"下拉列表框中选择"创建设置",如图 6-27 所示。

(2) 进入"创建设置",指定该项测试中所有问题的默认分值,如图 6-28 所示。

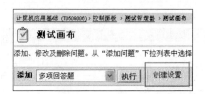

图 6-27　创建设置

图 6-28　修改问题分值

(3) 若只需修改个别题目的分数,则可在"测试管理器"中选择需要修改分数的测试,单击"修改"按钮,如图 6-29 所示。

(4) 在需要修改分值的题目右侧单击"修改"按钮,如图 6-30 所示。

图 6-29　修改个别题目分数

(5) 输入该题目的分值即可,如图 6-31 所示。

图 6-30　进入修改分值界面

按照上述操作设定分值,学生提交测试之后,系统就可以自动给出分数并及时反馈给学生。

2. 测试手动批改

一项完整的测试通常不仅仅有客观题,对于需要学生综合所学知识,发散思维才能作答的主观题,学生给出的答案不尽相同,此时系统无法自动对其评分,教师便可以采用手动批改的方式,在后台进行批改、给出分数。

以下是手动批改测试的操作步骤。

(1) 首先进入"控制面板"中的"成绩中心",单击需要手动批改的测试项,在下拉列表框中选择"成绩详细信息"选项,如图 6-32 所示。

(2) 单击右侧的"查看尝试"按钮,如图 6-33 所示。

(3) 此时教师可以看到学生对于整个测试的作答情况,找到需要评分的主观题,评阅完毕后,在右侧的得分栏中输入分数,在反馈框中输入反馈意见,如图 6-34 所示,单击"提交"按钮,即可完成对主观题的评分。

图 6-31　修改分值 　　　　　　　　　　图 6-32　成绩详细信息

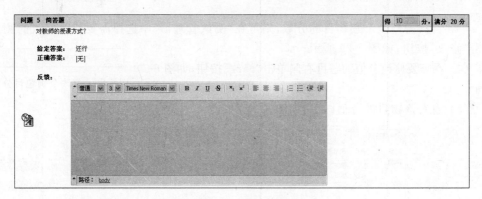

尝试					
创建日期	最后提交/修改日期	值	给用户的反馈	评分备注	操作
2009-4-2 15:26:47 (已完成)	2009-4-2 16:14:48	48.00			查看尝试 清除尝试 修改尝试

图 6-33　查看尝试

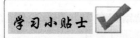

图 6-34　修改分值

学习小贴士 ✓

　　为了快速更改个别学生的成绩，教师可直接进入"成绩中心"，双击需要修改的成绩项，输入新成绩即可。

6.2.2　作业批改

　　教师除可以测试管理器的形式发布测试和作业之外，还可以使用 Blackboard 特有的作业功能布置作业，这种作业的生成在"测试管理"章节中有详细讲解。对于这种特殊形式的作业，其批改步骤如下：

　　(1) 进入"控制面板"中的"成绩中心"，单击需要批改的作业项，在下拉列表框中选择"成绩详细信息"选项，单击右侧的"查看尝试"按钮。

　　(2) 在相应的栏目中批改作业和添加反馈信息，如图 6-35 所示，即可完成作业的批改。

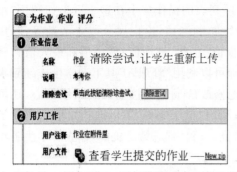

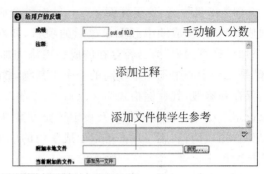

图 6-35 批改作业

6.3 成 绩 管 理

"成绩中心"是测验数据、学生信息和教师备注的中心存储库,还是一个互动式交流和报告工具,可以帮助学生、教师、管理员和其他利益关系人了解学生进度并就如何提高教学绩效做出明智的决策。

成绩中心的界面如图 6-36 所示。

身份	名字	用户名	上次存取	可用性	总计	加权总计	期末考试2008	期末考试
学生	何骐	0806020221	December 25, 200	可用	733.50	-	61.50	65.00
学生	古文婷	0806020217	March 9, 2009	可用	690.50	-	63.50	56.00
学生	吕智明	0806020231	December 25, 200	可用	522.00	-		65.00
学生	吴定幼	0806020232	March 26, 2009	可用	668.00	-	72.00	65.00
学生	宋嘉雯	0806020226	December 25, 200	可用	644.50	-	58.50	65.00
学生	廖婷雯	0806020224	April 19, 2009	可用	745.00	-	68.00	
学生	张乐琦	0806020230	April 3, 2009	可用	776.50	-	67.50	
学生	张恭智	0806020219	December 25, 200	可用	715.50	-	69.50	
学生	彭彩芳	0806020225	March 6, 2009	可用	636.50	-	79.50	
学生	方方	0806020214	January 23, 2009	可用	603.00	-	34.00	
学生	李海萍	0806020218	April 18, 2009	可用	709.00	-	45.00	
学生	林晓玲	0806020227	January 15, 2009	可用	616.00	-	54.50	
学生	江伟玲	0806020202	March 21, 2009	可用	719.00	-	78.00	

图 6-36 成绩中心的界面

由图 6-36 可以看出,成绩中心视图分为 3 部分。

（1）工具栏区，位于页面上方。针对整个成绩列表的操作集中在这一区。如利用"添加成绩列"添加成绩中心中未显示的项目，如新发布的测试、论坛评分或者考勤等；利用"添加已计算的列"为已经存在的成绩项添加加权值、总计、平均值、最小值和最大值；"管理"是成绩中心中利用率较高的一个工具项，教师可以利用"管理"工具下载学生成绩到本地保存和修改，其存储格式为＊.exl，也可将本地修改的成绩直接上载到成绩中心，还可以设定成绩中心的显示项以及设定评分方案等；利用"电子邮件"可以向指定的用户发送邮件告知成绩；利用"报告"可以生成学生的成绩报告；利用"成绩历史"可以查看学生各项成绩的历史记录。

（2）成绩列表区，位于页面的中间区域。显示有关学生信息、测试信息等，是成绩中心的核心区域，教师在该区域可对某一测试项或某一学生的成绩项作具体修改。

（3）图示区，位于页面右下角。说明成绩列表中各图标的含义。

在成绩中心中，可以修改每一项成绩，也可以对某一学生的各项成绩进行修改。单击某一项成绩的下拉列表按钮，如图 6-37 所示，可以修改该列成绩的具体内容，如隐藏该列，查看所有学生对本次测试的作答情况统计，下载该次测试成绩，清除所有学生的成绩等。

单击某一学生的某一测试项成绩下拉列表按钮，如图 6-38 所示，可以查看该学生对于本次测试的具体作答情况，也可以清除该学生的本次作答成绩。

图 6-37　某项成绩操作视图

图 6-38　具体成绩操作列表

只要教师能够熟练掌握成绩中心的各项功能，就能清楚地了解学生的学习效果，也为统计学生的成绩信息提供了便利。

教师对学生的成绩管理可以分为在线成绩管理和离线成绩管理。

6.3.1　在线成绩管理

教师只要在测试管理器中生成测试和作业，无论该项测试或作业是否可用，都会在"成绩中心"中显示对应的成绩列。

在线成绩管理包括以下几项。

（1）在线成绩记录。教师提交分数后，成绩会自动保存在成绩中心中，方便学生和教师及时查看。

（2）在线成绩统计。利用"总计"和"加权总计"统计学生的总评成绩。

其中"总计"项用于统计学生各项成绩的未加权总和,计入总和的成绩列或者成绩类别可由教师自定义,如图 6-39 所示。

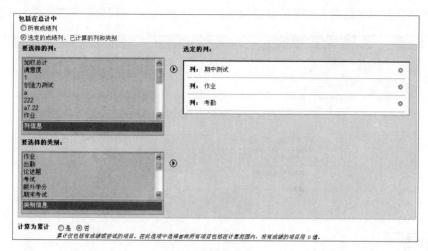

图 6-39　总计列修改

"成绩中心"提供的"加权总计"功能,为教师提供了综合考评学生的工具,通过对本学期学生的课程学习参与度、阶段测评成绩、综合测评成绩、平时表现及出勤等项目给出不同的加权值,系统就可以自动算出学生的综合成绩,该成绩能客观、全面地反映学生本学期的学习效果。

成绩加权的界面如图 6-40 所示,教师可根据具体项目加权,也可按类别加权,便于将学生的出勤、平时成绩、期末测验等作为学期末综合考评学生的依据。在设置加权百分比时,加权总数必须为 100％,并且各加权项的满分不能为空,否则总分会计算错误。

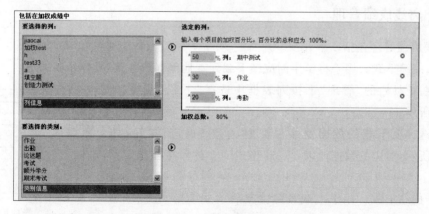

图 6-40　成绩加权的界面

按图 6-40 加权后的综合成绩如图 6-41 所示,其中一学生期中测试 80 分,作业 98 分,考勤 60 分,教师按照各项分别为 50％、30％和 20％的比例加权,则该生的最后总和成绩为 81.40 分,而总成绩为 238.00 分。

(3) 在线成绩手动添加。教师将学生的出勤、论坛分数或者其他未出现在测试管理器中的成绩项计入"成绩中心"，具体操作步骤如下：

① 单击"成绩中心"中的"添加成绩列"，如图 6-42 所示。

② 输入需要添加的列名称及满分值，如图 6-43 所示，则该列就会出现在成绩中心列表中。

姓氏	名字	可用性	加权总计	总计	期中测试	作业	考勤
学生	刘广新	可用	81.40	238.00	80.00	98.00	60.00
学生	刘汉基	可用	67.00	220.00	50.00	80.00	90.00
教师	net2	可用	64.00	190.00	80.00	20.00	90.00
教师	周莹	可用	100.00	300.00	100.00	100.00	100.00

图 6-41　加权总计结果

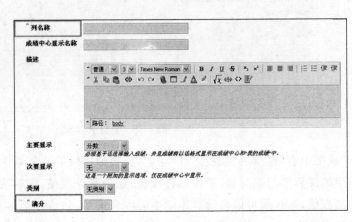

图 6-42　添加成绩列　　　　　　　图 6-43　成绩列具体设置

添加项目之后，还需要手动输入分数，对于班级人数较多的情况，逐个手动输入太费时费力，则需要用到离线成绩管理功能。

6.3.2　离线成绩管理

离线成绩管理包括以下几项。

（1）成绩下载。用于将学生的成绩下载到本地保存或修改，具体步骤如下：

① 在工具栏的"管理"下拉列表框中选择"下载"选项，如图 6-44 所示。

② 选择要下载的数据及保存类型，单击"确定"按钮，如图 6-45 所示，对应的数据便以 *.exl 格式的文件保存在指定路径下。

（2）成绩上载。用于上载教师修改后的成绩簿，在成绩中心中生成新的成绩记录，具体操作步骤如下：

图 6-44　管理列表

① 在本地将修改过的成绩表单另存为 Unicode 文本格式文件。

② 在工具栏的"管理"下拉列表框中选择"上载"选项，如图 6-46 所示。

③ 选择需要上载更新的列，在"数据预览"区可以看到更新后的数据，单击"确定"按钮，如图 6-47 所示。

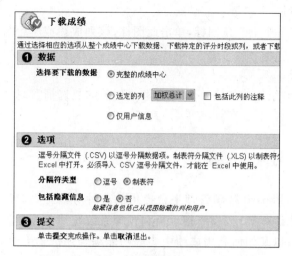

图 6-45　成绩下载界面

图 6-46　成绩上载界面

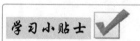

上载	正在上载列	匹配	成绩中心列	数据预览	消息
☐	加权总计	✓	加权总计	-	系统将不上载自动计算的列数据。
☑	考勤			80	系统将添加新的列。

图 6-47　数据预览区

学习小贴士 ✔

单击每一栏目上方的下三角(▼)按钮,便可按一定的顺序重新排列学生,以方便老师查看和管理。如姓名按首字母排列,学号从小到大,成绩从低到高等。

姓名(姓氏、名字)	用户名	期末考试 考试 满分 100 加权 0%	Chapter One 作业' 作业 满分 100 加权 0%	Chapter One 听力练习 作业 满分 100 加权 0%	Chapter One 匹配题 作业 满分 10 加权 0%	Chapter One 论述题 作业 满分 10 加权 0%
林泳超, 学生	0703210101	-	-	-	-	-
专家, 评估	pingu1				-	-

6.4　常见问题及解答

1. 我在本地修改的成绩簿上传时为什么总是提示"档案不是受支持的格式"而无法上传?

答:修改后的成绩簿应另存为 Unicode 文本格式文件方可上传。

2. 可以不查看成绩详细信息直接修改学生成绩吗?

答:可以。在"成绩中心"中双击需要修改的成绩项,输入新成绩即可。

3. 我的课程中学生人数和测试项都很多,如何有效管理和查看学生成绩?

答:可以利用成绩中心"管理"中的"智能视图"功能,选择关注的学生名单和成绩项。教师可根据教学情况在一个成绩中心中设置多个智能视图。

4．如何有序排列成绩中心的各列？

答：成绩中心的每一列上方都有一个下三角图标，单击此图标，该列成绩或学生名单即可按升序或降序排列。

5．隐藏的成绩列如何重新显示？

答：在成绩中心的"管理"中选择"组织成绩中心"，勾选隐藏列前的复选框，选择"显示选定列"即可。

小　　结

本章主要介绍教师如何利用 Blackboard 教学管理平台提供的各种考核工具对学生的学业做出评定。内容包括如何利用课程统计、成绩指示板和预警系统统计监控学生的学习进度，对学生学习过程做出考核；以及如何利用成绩中心等功能综合评价学生学业，对学生学业做出总结考核。

相信只要能够熟练掌握上述功能，教师一定能够更加轻松地管理学生。

课程的循环使用

一门网络课程建成后可以多次应用,实践证明,网络课程必须在应用过程中不断完善的。但是,每次应用都必须做一些必要的修改。这就是课程的循环使用。综合运用Blackboard教学管理平台提供的课程管理工具,教师可以轻松地完成课程的备份、恢复、复制以及循环使用。

学习重点

1. 了解循环使用课程的概念。
2. 掌握课程内容的备份和恢复。
3. 掌握课程的循环使用。
4. 熟悉课程内容的复制。

主要任务

1. 利用工具完成课程的备份和恢复。
2. 完成课程内容的复制。
3. 综合运用上述工具实现课程的循环使用。

7.1 循环使用概述

网络课程是在实际应用的过程中不断完善的,任何一门课程都是按照"课程建设→课程应用→课程再建设→课程再应用……"的过程循环发展的。当完成一个学期的教学任务后,需要快速删除旧资料,再添加新资料,实现课程的循环使用。在删除课程资料之前,要先将课程备份,即使操作失误,也可以立即恢复。本章将介绍如何进行课程的备份、恢复和循环使用课程这一系列的操作

在现实生活中,要实现一个网站的备份、恢复等操作并不容易,通常要依靠一定的技术手段和专业软件,如配置数据库软件的维护策略,使用文件备份软件等。这些工作对于普通教师来说,难以掌握,鉴于此,Blackboard平台提供了"课程管理工具",很好地解决了上述问题,而且操作简单易懂,既不需要高深专业技术,也不需要额外安装任何软件,在浏览器中即可完成所有操作。

如何进入"课程管理工具"呢?进入课程控制面板,在"课程选项"中可以找到这些工

具,如图 7-1 所示。

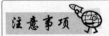

图 7-1   课程管理工具

除了"导入课程材料"为系统管理员专用外,其余的工具均可使用,其功能如表 7-1 所示。

表 7-1   Blackboard 平台课程管理工具

工具名称	功 能
课程复制	将某一门课程的内容复制到另一门课程中
导出课程	"导出课程"可创建一个课程内容备份,教师可选择需要导出的内容
将课程存档	"课程存档"可创建课程的完全备份,包括所有的用户互动记录
导入数据包	"导入数据包"可以将备份的课程内容添加到课程里
循环使用课程	教师在课程结束时使用的工具,可以删除选定的课程内容来循环使用课程

注意事项

课程管理工具的使用

课程管理工具均有一定风险,不当使用会对课程造成损坏,需在系统管理员指导下使用。

7.2   课程的备份和恢复

在删除课程资料之前,一定要先进行备份。在完成课程的阶段性建设后,也可以进行备份。Blackboard 平台可用于备份课程的工具有两种:"导出课程"和"将课程存档"。其中"将课程存档"是对课程的完整备份,而"导出课程"则用于备份课程中选定的内容。使用"导入数据包"可以恢复课程,下面详细介绍一下这 3 种工具。

7.2.1   使用"将课程存档"备份课程

下面介绍"将课程存档"的使用方法。

(1)首先进入课程控制面板,在"课程选项"中单击"将课程存档",如图 7-2 所示。

(2)在弹出的"导出/档案管理器"界面中,单击"存档"按钮,可以选择是否存档"成绩中心",然后单击"提交"按钮,如图 7-3 和图 7-4 所示。

(3)系统将备份请求加入队列,过一段时间系统将自动处理。等待时间视系统的繁忙程度而定。系统完成备份后会发送一封电子邮件到该教师在 Blackboard 平台中注册的电子邮箱中,如图 7-5 所示。

图 7-2 将课程存档

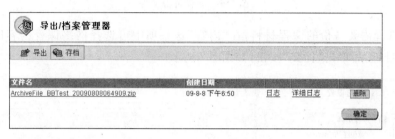

图 7-3 选择存档

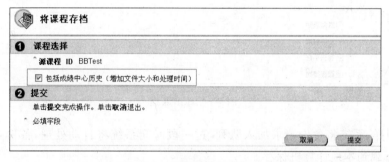

图 7-4 选择存档成绩中心

图 7-5 系统将备份请求加入队列

(4)最后,将备份文件下载到本地计算机。在"导出/档案管理器"界面中查看生成的备份文件,第一个 ZIP 文件就是上述操作生成的备份文件,单击该文件可以下载该文件至本地计算机,如图 7-6 所示。

7.2.2 使用"导出课程"备份课程

"导出课程"的使用方法如下:

(1)和"将课程存档"一样,进入"导出/档案管理器"界面,单击"导出"按钮。

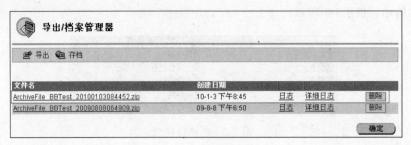

图 7-6   下载备份文件

（2）选择需要备份的课程材料，在"内容"这一项中可选择网络课程内容区中的每一个具体栏目，然后单击"提交"按钮，如图 7-7 所示。

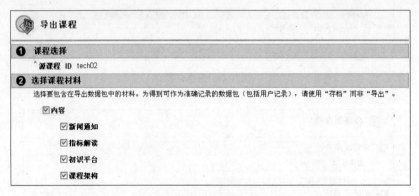

图 7-7   导出课程

（3）同样，系统将备份请求加入队列，过一段时间系统将自动处理，备份完成后可将备份文件下载到本地计算机保存。

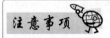

关于备份文件的处理

备份文件占用大量的课程空间而影响课程的后续建设，服务器上备份文件不宜过多，一般除了最新的备份文件外，其他备份文件下载到本地计算机后，应及时删除。

7.2.3   两种备份方式的比较

"将课程存档"的优点是数据完整、独立，包含了课程的所有信息，可以恢复课程的所有资料。缺点是生成的备份文件庞大，占用了大量课程空间，课程空间不足时，无法生成备份文件；此外，备份和恢复的时间都比较长。

"导出课程"的优点是快速、灵活，用户可以选择需要备份的内容，生成的备份文件较小，备份和恢复时间短；缺点是数据不完整，只包含课程的部分信息。

综合运用两种备份方式,可以完整、高效地备份网络课程,把误操作的风险降到最低。

两种备份方式的综合运用

"将课程存档"实质就是课程的全局备份,而"导出课程"则可用于增量备份。当网络课程建设完毕或完成阶段性建设时,可使用"将课程存档",做一次全局备份。而在后续建设过程中,每个栏目的建设完成后,均使用"导出课程"进行一次增量备份,直到本次建设完成后,再进行一次"将课程存档",并删除服务器上原有的备份。

7.2.4　课程的恢复

使用控制面板中的"导入数据包"可以恢复课程,该操作有以下特点。

(1) 利用"将课程存档"和"导出课程"生成的备份文件都能导入。

(2) "导入数据包"是把内容叠加到课程中去,并不会替换课程的内容。

具体使用方法如下:

(1) 进入课程控制面板,在"课程选项"中单击"导入数据包"按钮,如图 7-8 所示。

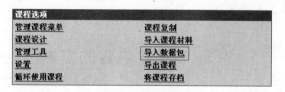

图 7-8　导入数据包

(2) 在弹出的"导入数据包"界面中选择需要导入的数据包,如图 7-9 所示,把文件从本地计算机上传至远程 Blackboard 平台需要一定时间,时间长度视数据包大小和网速而定。

图 7-9　选择要导入的数据包

(3) 选择需要导入的课程材料,如图 7-10 所示。

同样,系统将备份请求加入队列,过一段时间系统将自动处理。完成后会向该教师发送一封电子邮件。

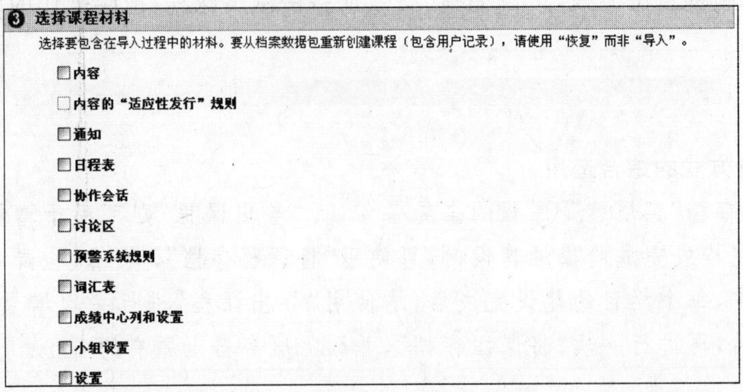

图 7-10　选择需要导入的课程材料

**注意事项**

　　因为"导入数据包"的原理是把备份文件中的内容叠加到课程中去,所以导入完成后可能会出现两个同名的栏目,是正常现象,可以比较后删除其中一个。

　　在导入前最好把相应的内容清空,批量清空课程内容可以使用"循环使用课程"工具,7.4 节将介绍该工具的用法。

7.3　课程内容的复制

　　如何实现不同课程的资料重用? 例如,某教师已经建设了一门课程《C 语言编程》,本学期,他又新建了一门课程《二级 C 考证》,对于 C 语言的语法基础部分,两门课程是完全一样的,如何避免重复建设? 使用平台提供的"复制课程"工具,可以实现课程之间资料的复制,其使用方法如下:

　　(1) 首先,单击控制面板中"课程选项"中的"课程复制",如图 7-11 所示。

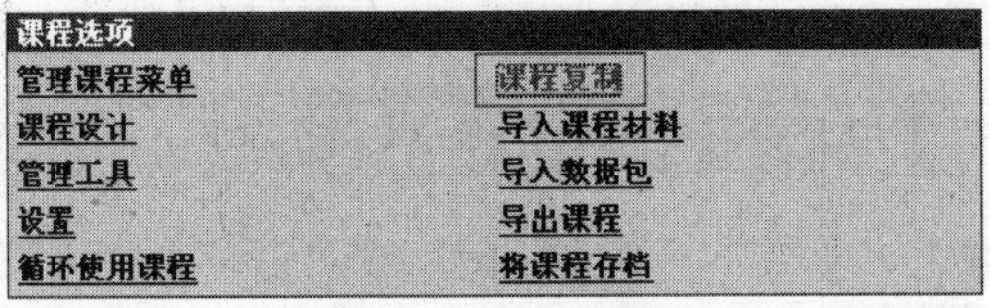

图 7-11　课程复制

　　(2) 选择"将课程材料复制到现有课程中",一般教师用户只能选择该项,如图 7-12 所示。

　　(3) 选择目标课程,可直接输入课程 ID,也可以单击"浏览"按钮搜索,如图 7-13 所示。

　　(4) 选择要复制的课程材料,在"内容"这一项中可选择网络课程内容区的每一个栏目,然后单击"提交"按钮,如图 7-14 所示。

　　(5) 选择是否复制课程注册信息,如勾选,本课程所有的注册用户都会自动注册到目标课程中。

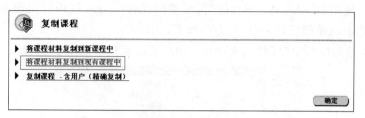

图 7-12　将课程材料复制到现有课程中

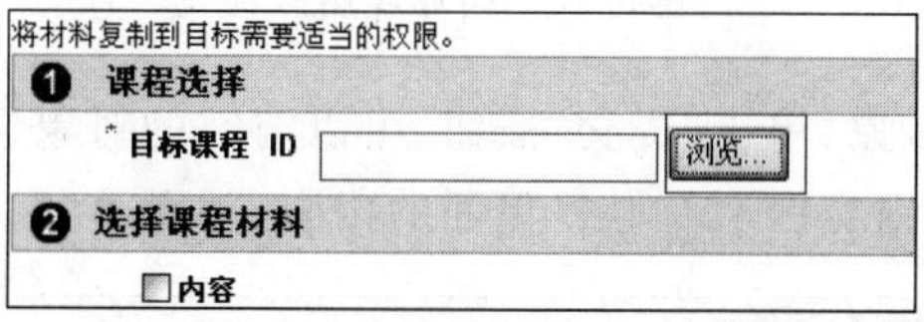

图 7-13　选择课程材料复制的目标课程

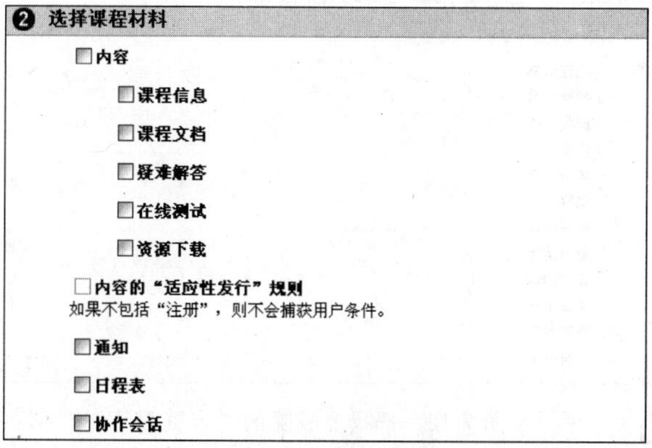

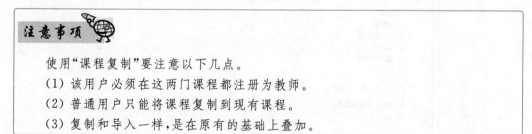

图 7-14　选择要复制的课程材料

（6）单击"提交"按钮后系统将复制请求加入队列，过一段时间系统将自动处理，完成后会向该教师发送一封电子邮件。

注意事项

使用"课程复制"要注意以下几点。

（1）该用户必须在这两门课程都注册为教师。

（2）普通用户只能将课程复制到现有课程。

（3）复制和导入一样，是在原有的基础上叠加。

7.4　课程的循环使用

当旧的教学任务结束，新的教学周期开始时，课程要在原有的基础上做一定的修改，才能重新使用。通常课程资源可以继续使用，而学生资料、考试成绩、提交的作业这些资

料则要删除。使用 Blackboard 平台的"循环使用课程"工具,可以保留课程的整体框架,
只批量删除选定的课程资料,其使用方法如下:

（1）单击控制面板中"课程选项"中的"循环使用课程",如图 7-15 所示。

图 7-15　循环使用课程

（2）选择要清空的对象,单击"提交"按钮,可以清空的对象包括以下两种。

① 内容资料。课程内容区所有栏目里面的内容,如图 7-16 所示。

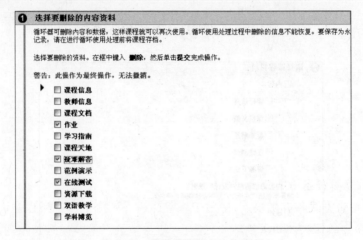

图 7-16　选择要删除的内容资料

② 其他资料。通知、讨论板、数字收发箱、词汇表、成绩中心列、小组、消息等课程工
具里的内容;统计信息、测试、调查、题库和课程的注册学生,如图 7-17 所示。

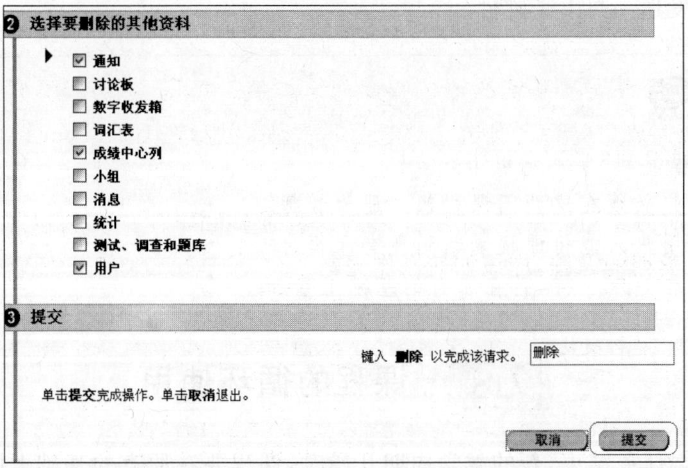

图 7-17　选择要删除的其他资料

注意事项

使用"循环使用课程"必须注意以下几点。

（1）使用课程循环工具删除的课程资料是无法恢复的,操作前必须确认课程已经备份。

（2）删除用户时,只是将学生从课程中删除,教师、助教、课程管理员等角色则不受影响。

（3）常用于删除注册的学生,数字收发箱、测试成绩等交互信息,一般不删除课程的内容。

（4）该操作有一定风险,须在系统管理员的指导下进行操作。

7.5　常见问题及解答

1. "将课程存档"和"导出课程"有什么区别?

答：这两者都能实现课程资料的备份,但还是有差别的。"将课程存档"是对课程所有内容都进行备份,优点是数据完整;缺点是备份和恢复的时间都比较长。"导出课程"是只备份课程的部分内容,其优点是快速、灵活,用户可以选择需要备份的内容,生成的备份文件较小,备份和恢复时间短;缺点是数据不完整,只能包含课程的部分信息。

2. 应该选择哪种备份方式比较好呢?

答：两种备份方式各有优缺点,适用于课程建设的不同阶段。所以建议综合运用两种备份方式,在完成课程的阶段性建设时使用"导出课程",导出最近修改的栏目;而在课程全部建设完成后,使用"将课程存档",进行完整的备份。

3. 备份课程时产生的文件会占用课程空间吗?

答：会的,所以下载到本地计算机后需删除备份文件,减少课程空间。

4. 提交备份任务后,要多久才能完成备份呢?

答：系统并不是马上就对课程进行备份,而是将备份请求加入队列,过一段时间系统将自动处理。等待时间视系统的繁忙程度而定,最快时,马上就启动,最慢也不会超过24 个小时。系统完成备份后会发送一封电子邮件到该教师在 Blackboard 上注册的电子邮箱中。

5. 这个学期的课程结束了,要将所有的课程通知和学生的资料以及学生的成绩删除,开始准备下学期的课程,应该如何操作呢?

答：先将课程备份,然后再使用"循环使用课程"功能,删除学生资料和学生成绩。

6. 用原来生成的备份文件恢复课程时,发现课程出现了两个名字一样的栏目,是怎么回事?

答：使用"导入数据包"恢复课程时,是把内容叠加到课程中去,并不会替换课程的内容,所以会出现重复的栏目。

小　结

　　本章首先介绍了如何备份、恢复网络课程,接着重点介绍了如何循环使用一门网络课程,最后介绍了如何将课程资料复制到另外一门课程。综合运用平台提供的这些工具,教师能更好地管理和维护自己的网络课程。

参 考 文 献

[1] Blackboard Learning System ™教师手册

[2] Blackboard Learning System ™管理员手册

[3] Blackboard 在线教学管理平台介绍[DB/OL]. http://www.eol.cn/article/

[4] 谢幼如,柯清超.网络课程的开发与应用[M].北京:电子工业出版社,2005.

[5] 邓果丽,孙晓华.高职网络课程平台建设的创新与实践[J].教育与职业,2009,(14):106-108.

[6] 邓果丽.基于网络平台的教学模式设计[J].深圳信息职业技术学院学报,2005,(3):7-11.

[7] 余胜泉,王耀武.网络课程的设计与开发.http://www.etc.edu.cn/academist/ysq/

[8] 张海燕,陈燕,刘成新.网络课程设计与应用调查分析[J].中国电化教育,2006,(5):73-76.

[9] 卢峰.基于 Blackboard 网络教学平台的协作学习研究[J].江苏广播电视大学学报,2005,(6):
    38-40.

[10] 孙晓华.高职网络课程评价锁定"工学结合"[J].中国教育网络,2009,(6):66-67.

[11] 汪深.网络教学交互策略研究[D].上海:上海师范大学,2003.

[12] 邓果丽,郑伟亮.用 BB 设计网络课程培训[J].中国教育网络,2006,(7):70-71.

[13] 冯秀琪,库文颖.网络环境中的交互学习[J].中国电化教育,2003,(8):73-75.

[14] 陈丽.计算机网络中学生间社会性交互的规律[J].中国远程教育,2004,(11):17-22,53-78.

[15] 孙晓华,黎志亮.网络课程中的多媒体素材处理技巧与展示[J].《教核心技术 育有效人才》专业建
    设论文集,2007,(6):477-485.

[16] 孙晓华,邓果丽,张建.引入 Blackboard 实现教学信息化[J].中国教育网络,2007,(7):75-76.

[17] 胡卫星,李美凤.网络教学交互活动的设计与实施[J].开放教育研究,2002,(6):47-48.

[18] 梁勇,李元.试论网络课程中的教学交互[J].教育与职业,2005,(36):142-143.

[19] 陈丽.远程教育中教学媒体的交互性研究[J].中国远程教育,2004,(7):17-24,78-79.

[20] 蔡敏.网络教学的交互性及其评价指标研究[J].电化教育研究,2007,(11):40-44.

[21] 李宝敏.基于网络环境下的互动活动理论的探索与研究[J].上海教育,2001,(18):37-38.

[22] 苗志刚,王同明,曹莹.多媒体网络教学中交互的设计[J].中国中医药现代远程教育,2006,(4):
    61-62.